网易创始人兼CEO 丁磊推荐

破茧成蝶

用户体验设计师的成长之路（第2版）

刘津 李月 著

人民邮电出版社

北　京

图书在版编目（CIP）数据

破茧成蝶：用户体验设计师的成长之路 / 刘津，
李月著. -- 2版. -- 北京：人民邮电出版社，2020.8
ISBN 978-7-115-53823-9

Ⅰ．①破… Ⅱ．①刘… ②李… Ⅲ．①人-机系统—系
统设计 Ⅳ．①TP11

中国版本图书馆CIP数据核字(2020)第062494号

内 容 提 要

本书是用户体验设计师的入门读物。本书从用户体验设计师的角度出发，系统地介绍了从事用户体验设计的学习方法、思维方式、工作流程和方式，覆盖了用户体验设计基础知识、设计师的角色和职业困惑、工作流程、需求分析、设计规划和设计标准、项目跟进和成果检验、设计师职业修养以及需要具备的意识等，力图帮助设计师解决在项目中遇到的一些常见问题，找到自己的职业成长之路。

本书由资深的一线用户体验设计师编写，并从当前业界主流的视角，进行了全面改版升级，采用更新的案例，增加面试技巧和作品集，适用于更加广泛的设计师人群。本书对于交互设计师、视觉设计师、用户研究员等具有一定参考价值和借鉴意义，也适合产品经理、运营、开发等用户体验相关人员以及相关专业的学生阅读参考。

◆ 著　　　刘 津 李 月
　　责任编辑　陈冀康
　　责任印制　王 郁 焦志炜

◆ 人民邮电出版社出版发行　　北京市丰台区成寿寺路 11 号
　　邮编　100164　电子邮件　315@ptpress.com.cn
　　网址　https://www.ptpress.com.cn
　　北京捷迅佳彩印刷有限公司印刷

◆ 开本：720×960　1/16
　　印张：19.25　　　　　　　2020 年 8 月第 2 版
　　字数：341 千字　　　　　2025 年 1 月北京第 13 次印刷

定价：89.90 元

读者服务热线：(010)81055410　印装质量热线：(010)81055316
反盗版热线：(010)81055315
广告经营许可证：京东市监广登字 20170147 号

推荐序

　　成功的互联网产品离不开勇于创新的精神、一丝不苟的态度、精益求精的打磨。在网易十几年的发展历程中，我们始终坚持做有灵魂的产品，通过优秀的体验真正打动用户的心！这本书分享了网易设计师的宝贵经验和教训，可以帮助你少走弯路，在职业发展中"破茧成蝶"、脱颖而出！

——网易创始人兼首席执行官

专家对本书的赞誉

这本书总结了用户体验实践中的典型问题，并用非常有亲和力的语言描述了作者是如何思考、处理与改进的，这一系列精彩的内容让我产生共鸣。这是一本拥有实战案例分享、不可多得的用户体验设计类图书。我认为你值得拥有，它将为你增添新的智慧与阅历！

——国际体验设计协会（IXDC）秘书长　胡晓

正如这本书所归纳的"用户体验设计目标"一样，它做到了：（1）解决用户需求——帮助互联网设计师掌握技能；（2）减少用户理解和操作的成本——降低了职业成长走弯路的成本；（3）给用户留下美好而深刻的印象——轻松、易读、好理解、便于查阅的撰写方式。

这本书非常适合初入用户体验行业的设计师学习！我建议你多读几次，相信在不同阶段你总会有新的领悟。

——上海交通大学硕士导师、《设计调研》作者、"鱼缸"社群创建者　戴力农

很有趣的是，产品经理入行的我和交互设计师入行的作者，都曾经困惑于这两个岗位的差异和边界，本书对这个问题进行了解答。但更有趣的是这两种工作的相似

性，不论你从事什么岗位、在做什么事情，只要你需要创造性地解决问题，那就是在做产品，也是在做设计，都能从本书阐述的设计思维中获得启发。

——良仓孵化器创始合伙人，《人人都是产品经理》系列图书作者　苏杰

本书是网易优秀设计师以自身工作经历为蓝本，结合工作中的心得、体会熔铸而成的扛鼎之作，实为一部用户体验设计师必读的经典作品！

——前阿里巴巴资深用户体验专家　汪方进

许多人对设计师的认知比较浅薄，以为就是调色画图的角色，但实际上优秀的设计师应该是为用户体验负责的，与产品经理一样要洞察用户、理解行业，共同为结果负责。我个人在多年前就学习过刘津的这本书，其中有不少对用户体验真实且深入的洞察，让我受益颇丰。第2版加入了大量的新知识和案例，非常值得一读。

——阿里巴巴高级产品专家、《从点子到产品》《产品思维》作者　刘飞

当今的互联网行业已经度过了野蛮生长的时期，越来越多的同质化产品使得企业必须要聚焦于精细化的体验，"日拱一卒"成为各公司的制胜之道。这对于体验的洞见、优化、感知有更高的诉求。

本书中有众多实战案例，讲述中有从思维到落地的代入感，是作者多年经验的精华总结，适合各阶段的体验设计师，能够帮助你更快速地成长，破茧成蝶。

——滴滴出行CDX（用户体验与创意设计部）设计总监　赵天翔

可以确定，这是一本非常棒的设计启蒙书。作者不仅将用户体验设计专业知识倾囊相授，而且真诚地就自己作为设计师的成长思路娓娓道来。那些属于设计师的热

爱、雄心和价值，多年前曾打动和启发了我，相信今天也能点燃你！

——腾讯FXD用户体验设计总监　邹放

作为朋友，刘津的每一次迭代都让我深感佩服。她总是可以从深层需求出发，去系统地总结和阐述设计理念与工具，然后再基于最实际的工作需要来传达这些宝贵的经验。对于初入行的新人来说，阅读这本书可以非常快速有效地建立工作所需的知识体系，汲取必要的经验；而对于从业多年的管理者，本书也提供了知识传递的框架和有效的建议。总之，这是一本不可多得的好书。

——小红书用户研究负责人　张佳佳

本书语言平实易懂，却体现了对用户体验价值和从业者困惑的深度洞察。作者结合了自己的认知和实践，将经典的设计思维、系统的设计流程、真实的协作感悟，转化为最必要和关键的设计工作方法，为体验设计从业者提供了宝贵的职场入门权威指南。

——美团到家设计部总监　滕复春

这本书对于想从事互联网设计的同学们来说，是非常好的成长教材。这次推出的第2版，更是完整地介绍了在当下行业发展到了"体验设计"阶段后的专业能力要求、方法运用和宝贵案例。希望刘津老师的心血能帮助到更多的同学，并为行业带来更多更美好的设计。

——阿里巴巴高级体验设计专家　吕凡

一直很喜欢乔布斯的一句话："所谓的创新只不过将用户熟悉的事物，进行打散再组合"。刘津的这本书很好地诠释了这个概念，它运用用户熟悉的案例，让你更容易读懂并学会抽象而专业的设计方法论。读完本书，我受益很多，设计最大的价值在于让商业美而简单。具备创造艺术美的左手，同时也具备科学理性做设计的右手，是我们每个设计师都应该去努力的方向。

——公众号"我们的设计日记"发起人，原支付宝设计专家　Sky

读者对本书第1版的赞誉

　　刚开始看这本书时感觉作者像一位老师，把她这些年在工作中的心得，一步一步、有条不紊地告诉你。看到作者讲述她犯下的一些错误或者一些反面案例时，又感觉作者像身边一位经验丰富且态度极好的同事。这本书能让你清楚地了解到设计师的一些工作状态，全面、详细地剖析了产品上线前的流程，能够让新人在正式进入相关岗位工作前有所准备，尽量避免因为认识不到位而犯下一些低级错误。就算是已经在工作的人，也会有很多关于职业的困惑，本书有助于在职者突破原有认识或者对职业有更深刻的认识。

　　这是一本值得反复翻看的书。

豆瓣读者　Agustinus

　　这本书可以说是用户体验设计师的入门读物，很适合从事用户体验设计的人员以及转行的设计师阅读。

　　整本书的重点部分是第2篇，主要讲述了互联网产品设计从需求调研开始一直到上线后的项目跟进的完整流程。通过阅读此部分内容，设计新人能对此获得较为完整、全局的认识，在工作中出现问题时能有一定的心理准备，从而不会在实际的工作中出现完全不懂、一头雾水的状况。

豆瓣读者　myfree

这是一本值得细读的书。书中的内容都很实用，没有空话和大道理，都是工作中用得到的实实在在的东西。我从事用户体验设计行业半年多了，书中的很多内容都让我深有体会，帮我解决了工作中遇到的很多问题。

豆瓣读者　谢耳朵

这本书清晰易读，包含有建设性的内容。本书既有从两面性来探讨的设计原则，也有倾向哲学方面的设计理念，大到业务流程、页面架构，小到鼠标指针的悬浮设计。本书的最后两章还探讨了关于工作意识和成长等方面的话题，我读完颇受启发。

京东读者　mulberryL

设计交互、入门级产品的人员都适合看这本书，其不仅介绍了方法，还阐述了对一些产品的思考。我已经推荐给好几个朋友了。

京东读者

书很棒，这是目前为止我读过的文字最有亲和力的一本书。作者对用户体验设计的理解很深刻，整个用户体验设计流程及设计方法解决了我很多的困惑。高深、晦涩的专业术语在这里就变得直白，通俗易懂而不乏专业性。

京东读者　黑豆儿猫

真的是干货满满的一本书！个人觉得比《点石成金》更容易让人理解。

京东读者

前言

2014年7月，《破茧成蝶——用户体验设计师的成长之路》默默出版了。到2019年，《破茧成蝶——用户体验设计师的成长之路》已经累计印刷50000余册，豆瓣评分高达8.5，成为国内同类书籍中的佼佼者。在此期间我收到了大量热心读者的反馈，得到了很多肯定和支持。作为一名互联网从业者，能为这个行业做一点微薄的贡献，帮助更多新人了解这个行业并快速上手，我备感荣幸。

这些年来，整个互联网环境发生了翻天覆地的变化，对设计师的能力也有了更高的要求，因此2018年我和另一位作者推出了面向高级设计师、产品设计师和设计管理者的《破茧成蝶2——以产品为中心的设计革命》，但依然难以满足大量设计新人、初级产品经理对学习体验基础知识及快速适应职场的诉求。考虑到《破茧成蝶——用户体验设计师的成长之路》的部分内容和例子已经过时，因此我们决定推出第2版。这次修订首先根据读者反馈改进不足之处；其次，与时俱进，更换掉过时的内容和例子；第三，抛弃交互设计师的视角，从当前主流的体验设计师角度，以更综合的视野修订本书，使之适用于更广泛的人群，尤其是界面设计师；第四，增加大家关心的面试技巧、作品集例子、用户画像、竞品分析、未来发展等内容；第五，精练语言。希望通过这些改进让本书更具含金量。

写本书的初衷是希望把这些年工作积累的实战经验和成长感悟，毫无保留地用体系化的结构、朴实的语言分享给设计新人。因为我曾经也是一名设计新人，深知在这条成长的路上会遇到多少障碍。

那么我在成长过程中遇到过什么问题呢？

先说说我的经历吧！我读研时会偶尔参加平面设计比赛或接点私活赚零花钱。但是因为不喜欢被人称为"美工"，所以我决定换个方向。当时正逢互联网界面（User Interface, UI）设计师、用户体验（User Experience, UE设计师）等职业兴起，结合我当时的动画专业以及想帮助用户获得更好产品体验的初心，我选择了UE设计师这个职业。

但是找实习公司的过程并不顺利，由于我的专业不是很对口，而且当时正逢经济危机，市场对这个职位的需求量又非常少，所以我屡屡碰壁。但是我一直没有放弃，经过8个月，我终于成了中国移动研究院的交互设计实习生。在这里，我接触到了很多设计高人，他们的指导使我受益终生。我的UE设计之路就这样开始了。

经历了将近一年的实习，研究生毕业后，我来到了网易，成为网易用户体验设计中心的一名交互设计师。在这里，有很多非常优秀、年轻的设计师，大家定期在一起沟通交流，在快乐的氛围中不断成长着。网易用户体验设计中心十分重视设计师的个人提升，部门领导鼓励大家沉淀总结并组织大家参加外面的交流分享活动，这使我获益良多。也就是在这个时候，我养成了写博客的习惯，也经常看其他设计师的博客。从别人的文章或分享里，我学到了很多东西。我非常感谢他们无私的奉献，也决定未来要把自己掌握的知识或心得分享出去，回馈行业。通过做项目、写总结、写博客、做分享、不断学习别人的知识精华，我在这条路上快速驰骋着。

过了不到两年，我来到网易电子商务部，开始组建部门的用户体验设计（User Experience Design, UED）团队。在这里，我的重心由原来的提升自我逐渐转为帮助他人提升。除了做一些重要项目外，我还需要招聘、辅导新人，和其他团队沟通协调。此前，我的定位是交互设计师，而现在我成为了UED团队的负责人；要通过让团队里的交互设计师、视觉设计师、用户研究员等不同角色一体化，形成最大的合力。在这个过程中，我发现了很多问题，如为什么设计师老抱怨自己没有话语权？为什么很多好的设计方案得不到实施？为什么有些设计师很努力却进步很慢？为什么设计师老被抱怨太过"学院派"，不接"地气"？设计师普遍容易出现什么问题，如何解决？很多新入行的产品经理、运营推广人员、开发工程师等不了解设计师的工作范围及职责，应该如何和他们合作？……

类似的问题还有很多。总的来说，这些问题的根源可以归结于一点：专业理论和工作环境脱节。很多人在学校是好学生，读过不少专业书，也拿过不少奖项，但是在实际工作中却表现平平。工作环境毕竟不像学校和书本中描绘的那么纯粹和理想，大家会面临很多意想不到的情况，这是每一个"学院派"设计师都需要面临的问题。

因此我希望能写这样一本书：它能够比较系统地介绍设计师的学习方法、思维方式、工作流程、工作方法；最重要的是理论和实际情况相结合，帮助设计师解决在项目中遇到的常见问题；同时也帮助产品经理、运营推广人员、开发工程师等了解设计师的工作，以便其能够更好地与设计师相处和合作。相比具体的专业理论，本书更侧重于观念的传递和落地方法的介绍，希望帮助设计师找到自己的职业成长之路。

本书不仅面向比较初级的交互设计师、视觉设计师、用户研究员，或具有综合能力的用户体验设计师，也适用于希望了解用户体验设计的产品经理、运营推广人员、开发工程师等相关人员。我写书的初衷是希望把个人经验分享给大家，帮助更多有需要的人。如书中有不足之处，还望海涵。当然我也很希望大家将不足之处反馈给我们，以便我们不断改进提高。

另外，针对部分读者的建议，在这里做一些解释。

有的读者认为"用户体验设计师"这个说法不够严谨，其实这确实是行业内的常见称谓。由于很多互联网设计师所在的团队称为UED团队，翻译过来就是"用户体验设计团队"，所以本书把UED团队中常见的角色，如交互设计师、视觉设计师（UI设计师、营销设计师）、用户研究员等，统称为用户体验设计师。另一方面，用户体验设计师也泛指能综合使用这几种专业能力的设计师，当然现在也有叫全栈设计师的。现在越来越多的公司设置了用户体验设计师的职位，或把原先的设计师改称"用户体验设计师"。所以大家不需要对名称过于纠结，更不要望文生义，要通过阅读完整本书去理解用户体验设计师的实际职能。

有的读者认为我在强调产品经理不应该绘制设计原型，实际上我并没有这个想法，我非常鼓励和支持产品经理用设计原型表达自己的想法。

有的读者认为交互设计师没有存在的意义，这个还是要看公司的规模和发展阶段，具体请参考《破茧成蝶2——以产品为中心的设计革命》一书，其中有更详细的说明。

还有的读者觉得本书第1版的部分内容有些重复、啰唆，字体看起来不舒服等，我们在第2版中，有针对性地进行了改进。

其他的不一一列举了。感谢大家的反馈和建议，我们会持续优化本书。

最后，感谢网易公司对我的培养和信任，谢谢它包容我；特别感谢CEO丁磊先生的推荐；感谢李月和我合作一起写完本书；感谢其他同事胡云杰、杨烽亮、崔海军、魏玮、丁红岩、王轶琦、石晓萌、袁梓霖等在本书上给我的直接帮助和支持；感谢编辑陈冀康坚持不懈地催促我修订，第2版才有了面世的可能；最后特别感谢正在阅读的你，赋予了本书特别的意义！

刘津

2019年10月

资源与支持

本书由异步社区出品，社区（https://www.epubit.com/）为你提供相关资源和后续服务。

配套资源

本书提供完成本书课程所需的素材文件。

要获得以上配套资源，请在异步社区本书页面中点击 配套资源 ，跳转到下载界面，按提示进行操作即可。注意：为保证购书读者的权益，该操作会给出相关提示，要求输入提取码进行验证。

提交勘误

作者和编辑尽最大努力来确保书中内容的准确性，但难免会存在疏漏。欢迎你将发现的问题反馈给我们，帮助我们提升图书的质量。

当你发现错误时，请登录异步社区，按书名搜索，进入本书页面，点击"提交勘误"，输入勘误信息，点击"提交"按钮即可。本书的作者和编辑会对你提交的勘误进行审核，确认并接受后，你将获赠异步社区的100积分。积分可用于在异步社区兑换优惠券、样书或奖品。

扫码关注本书

扫描下方二维码，你将会在异步社区微信服务号中看到本书信息及相关的服务提示。

与我们联系

我们的联系邮箱是contact@epubit.com.cn。

如果你对本书有任何疑问或建议，请你发邮件给我们，并请在邮件标题中注明本书书名，以便我们更高效地做出反馈。

如果你有兴趣出版图书、录制教学视频，或者参与图书翻译、技术审校等工作，可以发邮件给我们；有意出版图书的作者也可以到异步社区在线提交投稿（直接访问www.epubit.com/selfpublish/submission即可）。

如果你是学校、培训机构或企业，想批量购买本书或异步社区出版的其他图书，也可以发邮件给我们。

如果你在网上发现有针对异步社区出品图书的各种形式的盗版行为，包括对图书全部或部分内容的非授权传播，请你将怀疑有侵权行为的链接发邮件给我们。你的这一举动是对作者权益的保护，也是我们持续为你提供有价值的内容的动力之源。

关于异步社区和异步图书

"异步社区"是人民邮电出版社旗下IT专业图书社区，致力于出版精品IT（信息技术）图书和相关学习产品，为作译者提供优质出版服务。异步社区创办于2015年8月，提供大量精品IT技术图书和电子书，以及高品质技术文章和视频课程。更多详情请访问异步社区官网https://www.epubit.com。

"异步图书"是由异步社区编辑团队策划出版的精品IT专业图书的品牌，依托于人民邮电出版社近30年的计算机图书出版积累和专业编辑团队，相关图书在封面上印有异步图书的LOGO。异步图书的出版领域包括软件开发、大数据、AI、测试、前端、网络技术等。

异步社区

微信服务号

目 录
/CONTENTS

第一篇 信念篇

第 **1** 章　什么是用户体验设计

"这个东西好难用！"

"购买的入口在哪里，半天都找不到啊！"

"不小心删除了重要的信息，怎么办啊，急死我了！"

……

这些情况大家经常会遇到，它们都是不好的体验，而这种体验往往来源于糟糕的设计。不要小看一个糟糕的设计，它不仅耽误事情，还会让无辜的用户觉得很倒霉，甚至产生挫败感，对自己丧失信心。

糟糕的设计是怎么产生的呢？要解答这个问题，需要先探寻本质，了解用户体验设计的含义。

1.1　设计 ≠ 艺术

一说到设计，很多人会首先联想到绘画、创意、各种漂亮的手稿、雕塑模型等。那么，设计纯粹就是拥有漂亮的外观吗？设计是关于创意的工作吗？它和艺术类似吗？这些问题不仅让很多人疑惑，就连一些年轻的设计师可能也搞不清楚。

那么设计和艺术到底是什么关系呢？大家看看下面这个例子就明白了，如图 1-1 所示。

图 1-1 是艺术大师毕加索的一幅作品，你觉得它表达的是什么呢？每个人都会有

不同的见解，甚至有的人可能会说"我完全看不懂"。不过这些都没关系，这恰恰就是艺术的魅力。

图 1-1　毕加索的画（图片来源于网络）

大家再来看一个例子，如图 1-2 所示。

图 1-2　用户体验草图设计阶段（图片来源于网络）

图 1-2 是某用户体验设计师的作品，准确地说应该是半成品，内容包含页面草图

（线框图）、页面流程、简单的交互说明等，它看起来理性而又专业。最终，还要根据这些草图制作出优美的界面，也就是大家在使用网站或软件时所看到的。

现在大家可以分清设计和艺术的区别了吧？简单地说，**艺术是感性的，而设计是相对理性的。艺术为表达创作者的个人意识，而设计是为了解决用户具体的问题。**

很多不了解设计的人会以为设计是充满想象力、天马行空的，而非理性的。实际上设计并不是搞艺术：设计师既需要灵感和天分，也需要后天努力学习，掌握技巧和方法，更重要的是严谨、细致的心思。我见过很多产品经理或用户体验设计师在画线框图或进行界面设计时，没有任何章法，完全凭想象和喜好绘制，这就变成了没有实用价值的"艺术创作"了。而糟糕的设计也多半来源于此。

1.2　邂逅用户体验设计

用户体验是什么？抛开那些晦涩难懂的专业术语，用自己的一句话概括：用户在使用一个产品时的主观感受。那用户体验设计呢？自然就是为了提升用户体验而做的设计了。

既然用户体验是感性的，那么设计师该如何做，才能满足用户主观的使用感受呢？这也是让很多设计师头疼的问题。

来看看网络上很火的一些设计例子，如图 1-3 所示。

图 1-3　某公司的新型插座（图片来源于网络）

图 1-3 左边这个场景是否会让你感到似曾相识且无可奈何？而图 1-3 右边这个设

计，很好地解决了这个问题。

图 1-4 所示这个例子来自国外。在小便池上设计了一只苍蝇的图案，尿液溅出率降低了 80%。因为人们的视线会不由自主地集中在苍蝇图案上，并瞄准它……

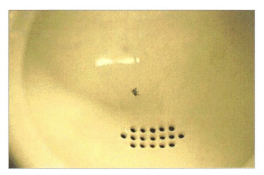

图 1-4　小便池上的"苍蝇"（图片来源于网络）

图 1-5 所示是一种经典的马克杯，每一只的售价仅为 2.9 元，受到了广大消费者的喜爱，年销量上千万。能把售价压到这么低，这款马克杯上宽下窄的外观设计功不可没。因为这样就可以方便叠放，从而使得每个货盘从装 864 个杯子到 1 200 个杯子再到 2 024 个杯子。这大大降低了其运输成本，从而大幅降低售价，给消费者带来了非常惊喜的体验。

图 1-5　一种经典的马克杯（图片来源于网络）

图 1-6 所示是星巴克"猫爪杯",每个售价高达 199 元,售卖期间更是被炒到上千元依然供不应求。它火到什么程度呢?消费者连夜排队,杯子遭到哄抢,不少人甚至为此大打出手……很多男性消费者表示:这是一件看到就想买给女朋友的东西。

图 1-6   星巴克"猫爪杯"

这款杯子的造型让人十分心动,杯身圆鼓鼓的、双层透明,如果你倒进有颜色的饮料,就会看到一只"立体"的猫爪,这样有趣的体验谁不想要呢?出众的外观设计为这款杯子带来了明显的溢价,即使其售价远远高于成本,消费者依然乐于接受。

接下来,说说糟糕的设计。首先是基本不可用的设计,如图 1-7 所示。

其次是不伦不类,没有为特殊人群考虑周到的设计。图 1-8 中左边的通道是为残障人士或推婴儿车的人设计的吗?好像是,又好像不是,让人匪夷所思。图 1-8 右边的盲道就更是令人啼笑皆非了。

再次是需要反复琢磨或尝试的设计,如图 1-9 所示。图 1-9 左边的指路牌让人晕头转向;图 1-9 右上角的电梯按钮中出现了两个开门按钮;而图 1-9 右下角的户外广告牌想要传达的内容是"网红火锅和跳水龙虾",你猜对了吗?

图 1-7 基本不可用的设计（图片来源于网络）

图 1-8 令人啼笑皆非的设计（图片来源于网络）

图 1-9 令人抓耳挠腮的设计

可能你会说这是因为设计者功力不够，没有用心导致的，是个别现象。那我再举一个"匠心独具"的例子：有一次我去一家高档酒店参会，这家酒店洗手间里的洗手池造型十分别致，可是我却找不到水龙头在哪里，只好一通乱摸乱按，最后无功而返，别提多尴尬了。但是我并不是个例，我发现其他人进去后也找不到水龙头。酒店采用与众不同的设计本来是想提升在用户心中的形象，却让大家产生了"自己很没用"的心理阴影，实在是得不偿失。

最后是"死循环"设计。什么是死循环呢？一般你先操作 A 步骤，再操作 B 步骤，然后达成目标。死循环就是当你操作完 B 步骤后，却又回到了 A 步骤，如同驴拉磨般周而复始，永不停息……

图 1-10 中是一个酷酷的钢铁侠造型的 U 盘，可是使用时好像出了点问题，钢铁侠的手紧紧地按住了关机键，且其手臂不能自由活动。

图 1-10 "死循环"设计

这让我想到了很久以前，我的苹果账号被冻结，解锁需要登录邮箱，然后邮箱又需要解锁后才能登录，就这样周而复始无限循环……

为什么会出现上面这些糟糕的设计呢？因为设计者没有很好地考虑设计目标，没有把自己代入用户使用的场景中去考虑问题，仅依照自己的想象创作，所以造成了笑话。但是，这些例子非常有价值，它们时刻提醒设计师：用户体验设计首先是要解决用户的某个实际问题，其次是让问题变得更容易解决，最后是给用户留下深刻的印象，让用户在整个过程中产生美好的体验。很多人习惯把设计跟美丑、创意对等，其实外观的美丑、是否有创意，仅是设计的一部分内容，并不是设计的全部。

因此，**用户体验设计首先是理性的**（如解决用户插电源的烦恼、改善厕所里到处是尿液的尴尬局面、降低杯子成本等问题），**其次是感性的**（如设计的美观度、舒适度，"瞄准"苍蝇图案的趣味性等）。只要你的设计能够解决用户的实际问题，又能带给用户好的感受，用户就很容易感到满意。这样看来，感性的用户体验也就不难满足了。

所以设计师在设计前，一定要先问问自己：**这次设计的目标是什么？要为什么样的人在什么场景下解决什么问题？如何解决？** 否则，设计很可能变成设计师发挥自己无限创意的舞台，却忽视了更重要的体验问题。

1.3　用户体验设计之道

前面探讨了用户体验设计的概念及特征，并穿插了不少通俗易懂的例子。那么具体应该如何做，才能成为一名优秀的用户体验设计师，设计出能够切实帮助用户解决问题且受人欢迎的好产品呢？下面就给出我的一些建议。

第一，热爱生活，细心观察，勇于改变。

细心观察生活中每个不如意的地方，也许它就是你改变世界的机会。

我相信很多人都遇到过那个讨厌的插座问题，而绝大多数人的解决方式是无奈地把其中一个拔掉，要不就是买个插线板。很少有人想过如何通过设计改进这个问题。

第二，了解人，观察人，不让用户思考。

做设计是为了解决"人"的问题，是为了让"人"从中获得良好的体验。所以说，设计师是在做以"人"为中心的设计。那么这就需要了解"人"的想法、行为、习惯等，要学会换位思考。

有的人可能会说：我自己也是人，也是用户，所以我觉得就应该按我自己理解的去设计。但糟糕的是，人有共性，也有较大的差异性。你的个人想法并不能代表大众的想法。所以设计师必须有一种本能——能体会大众的想法，同时又能超越大众的想法，创造新的设计。这对绝大多数设计师来说都是巨大的挑战。

平时多观察普通人的日常使用行为是一个好的习惯。但要注意不要以偏概全，而要多思考背后的原因，归纳人的共性。

另外设计师要注意拓宽自己的知识面，多读一些优秀的著作（不光是设计专业方面的，还可以包含人文历史等方面），进一步了解人性。

第三，理性思考，感性诠释。

设计师是连接人和产品的桥梁，通过产品或服务解决人的问题，设计师不仅要懂人，还要懂产品，这就需要理性和感性兼顾，缺一不可。

如果只是把设计理解为简单的外观设计，一上来就开始构思界面细节，缺乏完整、清晰的思路，设计方案自然容易遭到各种质疑。当然其他人的意见未必都是正确的，可是如果设计师本人都没有认清设计的本质，就更不要指望非专业人士有正确的理解了。最糟糕的情况是所有人都把设计方案当成画作，而每个人又都有自己的喜好，因此讨论无休止，永远都确定不了最好的设计方案。

那么遇到问题时，大家该如何思考呢？如图 1-11 所示。

图 1-11   遇到问题时如何思考

如果你在工作中是按图 1-11 所示的顺序按部就班地思考并向团队成员解释，而不是直接展示最终效果图，那么还会受到这么多只关注表象的质疑吗？

第四，亲自使用、体验。

我曾经见过很多糟糕的设计，它们之中有些根本无法使用，而设计者却丝毫不知情。其实只要亲自试用，就可以发现很多问题。

这也可以解释，为什么很多并不懂设计的人反而可以做出体验很好的产品。原因就在于他会不停地试用并发现问题，直至每个细节都没有缺憾。

第五，多听用户的反馈意见。

随着行业的不断发展，产品类型越来越多，很多情况下设计师并不属于产品的目标用户，如针对商家、老师、家庭主妇的产品等，这时就需要多听取用户的反馈。另外，即使设计师属于目标用户，难免因为过于熟悉产品而习惯现有的设计，误以为其体验已经非常好了。

我曾经为一个用户量极大但骂声一片的网站做过一些优化建议工作，当时我看到一个陌生的专业名词，提醒该网站应该把它改得更通俗易懂些。但该网站的领导不以为然，说这个词他们天天挂在嘴边，已经熟悉得不能再熟悉了，并认为它就应该这么叫，没有任何更改的理由。

当一个人知道某件事后，就很难想象自己不知道这件事的状态了。大家可能会嘲笑不会用传真机的博士，却忘记了自己第一次使用传真机时的尴尬场景。

所以多听听用户的反馈，能够帮助我们发现自己所不知道的用户的真实困惑，这样才有机会做出更受用户喜爱、体验良好的产品。

第六，留心好的设计，在此基础上优化。

一个人如果读过大量优秀的文学著作，那他的文笔不会太差。同理，如果一名设计师长年累月潜心研究大量优秀的设计作品，他的设计质量也不会差到哪里去。平时多欣赏优秀的设计，这种积累会让设计师在设计时胸有成竹、事半功倍。

图 1-12 所示是两款天气 App 的界面。同样是天气预报的 App 界面，图 1-12 左边的界面元素复杂，内容杂乱，用户很难快速获取信息。而图 1-12 右边的界面就清晰很多。如果设计师能长期关注设计趋势，关注优秀的设计是什么样，那图 1-12 左边这样的设计也许慢慢就不复存在了。踩着巨人的肩膀，才能看得更远。

图 1-12   两款天气 App 的界面

第七，懂产品、懂行业、懂商业。

表面看起来，设计和商业似乎是相悖的：设计充满情怀，商业唯利是图。其实不然，设计优雅地解决人们的问题，商业利益则是对此的一份奖赏及回报；以商业利益为前提的设计更容易把握用户的"痛点"及诉求，毕竟有用户量、有用户的认可，企业才有可能盈利。所以两者并不冲突，且互相成就。

理顺了这层关系，大家就会明白好的用户体验设计师一定是懂产品、懂行业、懂商业的，这样才能做到有的放矢，找到用户体验设计的最佳"爆破点"，和企业共同成长，最终实现双赢。当然这需要多年的积累，设计师们不妨把它当作未来努力的长远方向。

我在 2017 年提出了产品设计师的概念，在《破茧成蝶 2——以产品为中心的设计革命》（以下简称《破茧成蝶 2》中把设计思维和产品思维结合起来形成产品设计思维理念，升级了原有体验设计师的能力。近期一些知名企业已经开始把高级别以上的设计师称为"产品设计师"，要求用户体验设计师具备更综合的产品能力。

随着时代的发展，我又在 2018 年提出用户增长设计（User Growth Design，UGD）的跨界新概念，把产品设计思维和增长思维结合起来，形成一套完整的理论及实践方法，致力于通过设计驱动增长，为企业创造更大价值。如想了解这部分具体内容请参考我后续的新书。

最近一两年，已经有越来越多的企业开始成立增长部门或团队，并设立增长设计师的岗位，懂增长的设计师在市场上备受欢迎。

当然对于新人来说，不用操之过急，还是需要先把本书"吃透"，把设计基础打好，再去考虑一步步跨界、升级。

第**2**章　了解用户体验设计师

广义的用户体验指人在使用某个产品时的主观感受。在互联网或软件公司里，用户体验主要是指用户在与界面交互过程中的感受。

人与界面的交互，本质上来说和人与物品的交互并没有太大的区别，只是机器更加智能，可以通过界面不断地给用户反馈（如点击某个按钮，跳转到某个界面；输入某段文字，在屏幕上相应地出现这段话），这种来往，形成了人机交互的过程。

随着技术的发展和用户体验思想的升华，人们使用的产品界面越来越易用，用户体验越来越好。现在连老人和儿童都可以轻易地使用一些电子产品了，高科技产品不再神秘，它们越来越接近人们的生活，也越来越人性化。毋庸置疑，体验好的产品更容易受到市场的欢迎，因此用户体验设计师这个角色也就越来越受到公司的重视。

成为一名用户体验设计师，你就有机会让自己的想法变成实实在在的产品，当你看到人们在使用你设计的产品时，看到它如何改变人们的生活时，你会有一种前所未有的成就感和自豪感！

2.1　与用户体验相关的职位有哪些

广义的用户体验，其实和公司里的所有职位都相关，包括产品经理、运营推广人员、研发工程师等。这里说的与用户体验相关的职位，主要指 UED 团队里的职位，因为其离界面、用户更近。

　　国内的 UED 团队，一般出现在比较大的公司，UED 团队包含交互设计师、视觉设计师（主要指 UI 设计师）和用户研究员 3 个基本职位。当然根据业务的不同，每个UED团队的情况不同，也会出现不同组合。例如有的 UED 团队还包含前端、文案、品牌等职位；而有的 UED 团队只有用户体验设计师这一种职位，需要同时兼顾交互和视觉。小一些的公司可能只有产品经理和视觉设计师，甚至产品经理包揽一切，这都是有可能的。这种情况下，产品经理会负责和体验相关的所有工作。

　　抛开比较极端的情况，对 UED 团队来说，需要负责产品的**用户需求把握、视觉呈现优化和使用体验的提升**。其实这就是交互、视觉、用户研究能力的总和。

　　可能你分不清这 3 个基本职位，我举个例子，如果把体验良好的产品比作图 2-1 左边的彬彬有礼、谈吐优雅、细心周到、机智灵活的服务人员，那么 3 个基本职位的作用如同图 2-1 中所描述的那样。

用户研究员：研究用户特征、喜好，提供更好的服务

交互设计师：礼貌、有亲和力、有效的交流

视觉设计师：吸引人的外观、适宜的装扮

图 2-1　图解用户研究员、交互设计师、视觉设计师的含义

交互设计师

　　关于交互设计师的解释，确实是个难题。以前每当有人问我是做什么工作的时候，我都觉得很难用一句话描述清楚。

　　最开始我会说："我是一名交互设计师。"然后发现问的人一头雾水，看来这种解释很失败！

　　然后我考虑换个说法："我是设计互联网产品的。""哦，那不就是产品经理吗？"

我的解释再次失败了！

再后来，我又尝试了一种比较委婉的说法："我是一名建筑设计师，不过我不设计房子，我设计互联网产品，如产品的结构、信息层级、使用流程等。"问的人似乎一知半解，也不知道他是懂了还是没懂。

现在我会这样说："你访问一个网站时，有没有出现这种情况：一个功能怎么都找不到，或者单击某个按钮却一点反应都没有，或者填写信息后提交不成功……"问的人马上来了兴趣，"有啊有啊，这种情况经常发生，尤其是那个 ×× 网站……"我马上趁势说："我的工作就是改善这种情况，让你使用网站时有一个良好的体验。"问的人马上就明白了。

我曾经在网上也找到了比较受认同的关于交互设计师的解释，这是从交互设计积累的经验中得到的：**帮助用户高效地完成产品所设想的任务，同时在这个过程中，能让用户感觉到愉悦和不受打扰。**这是一种比较理想的解释。

然而在工作中就没有这么理想化了，设计不仅要让用户用着舒服，还要让公司有利可图，下面是我从具体工作的角度总结的：**交互设计就是通过分析用户心理模型、设计任务流程、运用交互知识，把业务逻辑（功能规格或内容需求）以用户能理解的方式表达给用户，最终实现产品战略（公司需求和用户需求的最佳平衡点）的过程。**这其实对交互设计师提出了更高的要求：从公司战略角度去考虑问题，在满足公司需求的基础上让用户觉得产品易用、好用。

交互设计师的产出物也比较丰富，有竞品分析文档、用户反馈整理、流程图、设计草图、设计原型等。其中最常见的是设计原型。设计原型的样式没有固定的标准，手绘、软件绘制都可以，主要根据各个公司的实际情况选择，如图 2-2、图 2-3 和图 2-4 所示。

由于交互设计师的主要产出物是偏具体表现形式的设计原型、线框图等，所以很容易让人误认为交互设计师的工作就是画图，而忽略了他们背后的思考和运用到的方法。甚至很多产品人员也尝试着用软件绘制出尽可能漂亮的线框图，并认为这就是在做交互设计。就像前面所说的，缺乏思考和方法，凭个人喜好和感觉去做设计，实际上做的并不是设计，而是没有任何实用价值的"艺术品"。

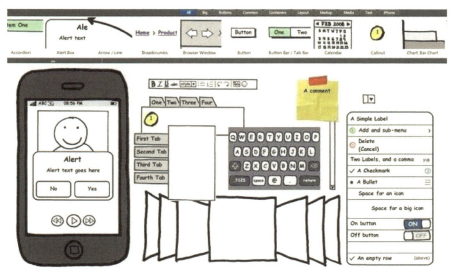

图 2-2　Balsamiq Mockups 软件的手绘风格

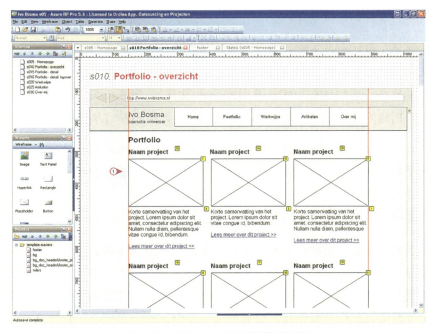

图 2-3　使用 Axure 软件绘制的线框图

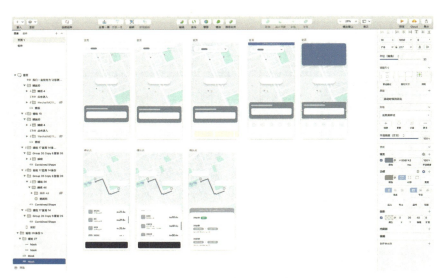

图 2-4　使用 Sketch 软件绘制的线框图

　　然而互联网公司的一个普遍现状就是：很多人每天忙碌地画着看似专业的线框图，却根本不懂得如何做设计。

　　在我做交互设计实习生时，我没有碰过任何软件，导师鼓励我尽量在纸上表现自己的想法，甚至过了一年，我还没听说过 Axure 软件（当时公司里最常见的用于绘制设计原型的软件，当然现在大家普遍用 Sketch 软件）。现在，我非常感谢那一年，在那一年里我把精力完全放在了对设计本身的思考上，而不是过早地陷入细节。

　　说到底，对设计师来说最重要的是解决问题的能力，而绘制设计原型只是最后一步，用于呈现设计师的想法。设计原型谁都可以绘制，但如果一个人没有扎实的基本功，没有好的理念，只会照葫芦画瓢地通过借鉴竞品来绘制美丽的界面，又怎么可能做出好的设计呢？

　　在工作中，交互设计师除了基本的设计工作外，还要沟通、宣传、执行、跟进自己的设计方案，确保最终的结果和自己的设计方案没有偏差；产品上线后还要继续跟进，解决线上问题、收集反馈意见、监测数据，为下一次迭代做准备。好的交互设计师对整个项目可以起到非常积极、有效的推动作用。

　　当然不是所有公司都需要设置交互设计师这一职位，在很多公司里，交互设计师的工作是由产品经理和视觉设计师共同完成的，他们同样需要具备交互设计的能力。

视觉设计师

视觉设计师分为很多种，如平面设计师、营销推广设计师、创意设计师、UI 设计师等。在一个 UED 团队里，视觉设计师可能包含以上所有，也可能只有 UI 设计师。

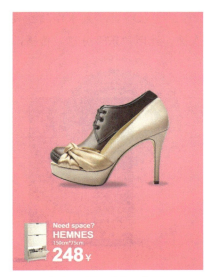

图 2-5　某品牌的平面广告

平面设计师：要求设计师能够利用创意、设计技巧、感染力等，一针见血地传达思想及情绪，突出产品的核心卖点，这样才能够让用户对品牌产生特定的印象。

图 2-5 所示是某品牌的平面广告，该广告用一张很简单的图片，就表达出了该品牌节省空间的特性。

营销推广设计师：要求作品能突出重点、快速抓住用户眼球，内容越直观越好，让用户忍不住查看并促成购买。要知道，在互联网上看广告的用户可没什么耐心，他们往往是忙碌且急躁的，没有心情去欣赏艺术和创意。而衡量营销推广素材好坏的标准主要是效果数据，如点击率、转化率、促成交易量等，如图 2-6 所示。

图 2-6　某电商网站促销广告

创意设计师：要求作品独具创意，能够让人眼前一亮并感觉新鲜有趣；同时深谙人性，让用户乐于分享、传播，如图 2-7 所示。

图 2-7   H5 创意示例

UI 设计师：要求设计师既具备一定的交互知识，也有良好的审美感觉；通过简洁、美观、友好的界面引导用户完成操作，让用户下次还愿意光顾，如图 2-8 所示。

UI 设计师必须能领会交互设计师的意图（在很多公司，并没有严格区分交互设计师和 UI 设计师，他们也可能是同一个人），知道哪些内容重要、哪些内容次要，从而在视觉上给予用户清晰的引导，使用户一眼就能发现重要的信息，从而顺利地完成操作。

UI 设计师需要避免因过于纠结美观程度，而忽略了对用户的恰当引导。例如图 2-9 中这两个界面，图 2-9 左边的界面更有设计感，但图标却令人疑惑；图 2-9 右边的界面明显看起来更好用。

不管是什么类型的设计师，都免不了遭遇"一群指点江山的神"，还有可能被直呼为"美工"。因为视觉感受是比较主观的，谁都可以发表看法，所以视觉设计师

图 2-8   话费充值界面

要做好这个心理准备。

图 2-9　两款社交 App 的图标设计对比

UI 设计师如果想在工作中更有话语权，一定要注意积累知识，做到懂产品、懂用户、懂设计，关键时刻能有条理地陈述自己的观点和理由。有理有据，别人就不会轻易让你改来改去，你也可以做出真正优秀的设计。

用户研究员

用户研究员，顾名思义，就是专门研究用户的人。用户研究员简称"用研"，需求量不大，一般只有大公司或较大的设计团队才有这个职位，对从业人员的专业背景和各项素质要求都较高。他们在产品设计中有着不可忽视的作用：通过各种分析和研究，深入了解用户特征、用户行为习惯等，从而为产品、运营、推广、设计决策等提供必要的方向和支持。

用户研究员日常的工作可能有市场分析、竞品分析、创建人物角色、问卷调查、焦点小组访谈、用户访谈、可用性测试等。

例如最近做了一个促销活动，但是效果很不好，就可以找用户研究员做一些简单的调研来寻找原因；设计师完成设计原型后，用户研究员可以做可用性测试来排查设计问题；产品人员在考虑产品方向和新功能时，也可以找用户研究员进行调查，看是否符合目标人群的需要。

用户研究员的工作涉及市场、产品、运营、推广、设计等方面，所以要求从业人员不仅具备基础的研究分析能力，更要懂市场、产品、运营、推广、设计等方面的相关知识，这样才能给出更恰当的建议和决策。

用户研究员的产出物主要是各种类型的报告，其更偏向于客观和实际的研究结果，具体要怎么解决问题需要对报告进行深入解读，用户研究员也应通过自己的理解给出一些建议，如图 2-10 所示。

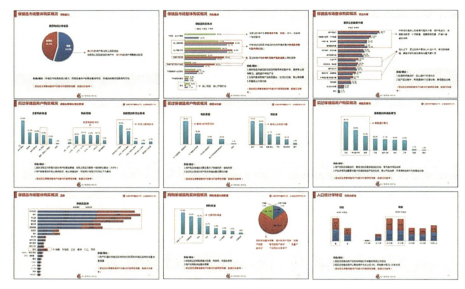

图 2-10   部分报告示例

用户研究员容易面临的问题是：研究周期过长，赶不上产品发布进度；用户研究报告过于偏重研究过程和数据结果，易读性差；和业务联系不够紧密等。

例如，产品经理不确定某个功能要不要做用户研究，想找用户研究员分析一下，可是动辄一两个月的调研周期实在等不起，往往是用户研究结果还没出来，产品就已经上线了；用户研究员分享调研结果时，由于内容枯燥、冗长、缺乏针对性，经常会令在场听众云里雾里；用户研究员可能不了解产品背景以及相关的运营、设计知识，或本身的思维具有局限性，以致提供的建议被认为是无效的。

所以作为一名好的用户研究员，不仅要会研究，还要有较强的应变能力，能够根据项目情况、时间紧迫度，采取不同的方法应对不同的情况；更要有广博的视野和知识面，能融会贯通，为产品提供有力的支持；最后还要注重报告的易读性，尽量做到不枯燥、实用性强，既专业又能真正地解决需求方关心的问题。

目前来看，大多数用户研究员仅停留在最基础的层次，也就是会做研究，会写报告，更多地把自己看作一个执行者的角色。所以未来用户研究员这个职位还有很大的提升空间。用户研究员不一定是独立的角色，也可能由产品经理或交互设计师兼任。

用户体验设计师 / 产品设计师 / 全链路设计师 /UE/UX……

近几年行业里出现了越来越多的称谓，其实这些称谓和前面介绍的基础职位并没有什么本质区别，只是把一种或几种职位做了结合而已。

例如在有的公司，"用户体验设计师"是指交互设计师；而在有的公司是指 UI 设计师。"产品设计师"可能是指产品经理，也可能是指产品经理和交互设计师的结合体。"全链路设计师"一般指同时具有交互、视觉、用户研究能力的设计师；也可能指贯穿线上线下，需要考虑到不同角色及场景的用户体验设计师。

为什么会出现这种看似"混乱"的情况？这是因为每个公司的业务不同、诉求不同、人员结构不同等。毕竟不是所有公司都能配齐这几种职位或是需要这么多职位，"身兼多职"的情况非常普遍。所以具体是什么职位不重要，重要的是根据环境的要求灵活适应，在精通一项技能的基础上横向发展，运用综合能力把产品做好，把用户体验做好。所以，我把这些职位统称为"用户体验设计师"。

2.2　用户体验设计师的价值

一名好的用户体验设计师，一定是一个热爱生活、有激情、有梦想、喜欢解决问题的人，他的头脑中总是充满了各种各样新奇、有趣、靠谱的想法，他既具备理性的头脑、又具有一颗体察入微的心，更具有强大的执行力，能把美好的想法转化成实际的产品。

听起来这和产品经理有些像，的确，用户体验设计师和产品经理的工作有不少重合的地方，但两者也有很多区别。用户体验设计师更注重创意及逻辑、细节，设计目标更纯粹，更多地考虑用户，工作上更专注，设计方法更专业；而产品经理作为产品的主要负责人，需要考虑更宏观的问题，聚焦的范围比较广，更重视商业目标，此外还需要考虑项目中的很多琐事。两者需要相互配合、取长补短。那么用户体验设计师具体有什么作用和价值呢？

用户价值、商业价值

对于一个百万级甚至千万级用户的产品，如果用户通过优秀的设计能够更快速地完成目标和任务，那么这个产品为用户、社会创造的价值有多大？如果通过优秀的设计让每个用户感到惊喜和快乐，那么这个产品又为社会创造了多大的价值和财富呢？实在是难以估量！产品如果受到用户的喜爱，给用户带来了价值，企业自然也会财源滚滚！追求完美的苹果公司发布的几款产品，可以说改变了世界！

在日常工作中大家也经常看到这样的例子：改变一个按钮的颜色，点击率可能提升 35%；优化操作流程，转化率可以提升 50%……专业的用户体验设计产生的神奇结果无须多言。

项目价值

设计师的创意和想法离不开团队成员的支持，否则再好的想法也难以实施。好的用户体验设计师应在项目中具有足够的影响力，能够充分组织、调动、协助其他成员。他的存在既能保证良好的产品体验，又能使得项目顺利、有序地进行下去，对提升项目质量和效率能够起到极大的作用。

那么用户体验设计师如何在项目中体现自己的价值呢？

第一，通过专业能力节省其他环节的时间。

所谓"术业有专攻。"优秀的体验设计师不仅可以快速判断出设计方案的优劣，更可以凭借经验和专业能力快速得出靠谱的设计方案；能够节省产品经理挠头绘制原型的时间，以及不断碰壁反复改原型的时间；避免整个项目因为一些明显的错误而导致的不必要的迭代；能够减少用户研究员做可用性测试的次数（好的用户体验设计师凭借经验就可以发现大部分问题所在，节约测试的时间和成本）；能够节省前端揣测不完整的原型说明的时间；能够减少开发工程师因为需求或交互反复变动的抱怨……

第二，跟进各个环节，保证产出物质量。

产品经理虽然也要负责跟进设计，但是各种功能、开发问题就已经很让人头大了，如果再负责跟进设计细节，那简直要崩溃了。没关系，用户体验设计师是产品经理坚强的后盾，他会跟进需求、设计原型、视觉方案、前端、开发，保证最后上线的结果，给用户更好的体验。

如果没有用户体验设计师对设计的细心跟进，那么产品实际上线的效果可能会和设计方案有很大差异，如图 2-11（图片来自微博，稍经修改）所示。

图 2-11 设计方案和上线效果往往存在很大差异

第三，促进统一化及标准化，提升设计效率。

经过多年的积累和发展，设计领域中已形成了一些较通用的原则和方法。另外，用户体验设计师经过一段时间的积累，也会逐渐总结出符合项目要求的设计规范或模板。这样既保证了设计质量，又提升了设计效率。由产品人员绘制设计原型、做界面短期来看确实很快捷，但由于没有统一的设计规范，每个人的思考方式又很不一样，所以这样并不利于项目的长期发展。如果再遇到人员调整，就会出现很多问题。

就好像同样是画一只猫，如果没有过硬的专业能力及设计规范的约束，可能有的人画出来像熊，有的人画出来像老虎，如图 2-12 所示。这给用户的理解带来了很大的不便。

产品人员1作品　　　　　产品人员2作品

图 2-12 不同的人对同一物体的表达方式会有较大差距

当然，我不是说产品经理不能画原型，而是在项目发展壮大以后，需要专业的设计师对接原始需求或设计原型，并用统一的语言来规范交互效果及样式，以保障用户体验的一致性。

第四，促使项目流程更合理，更有规划。

在一个大型团队中，如果没有专业的用户体验设计师，项目流程极容易变得混乱。我们常见到这样的情况：需求根本没想清楚；原型粗糙，导致后续工作难以进行；研发中途发现需求或交互问题，导致所有环节都要返工修改；原型说明不全，后面每个环节的人员都按照自己的想法处理，导致产品离最初目标越来越远……

而用户体验设计师的出现在一定程度上可以很好地改善这种情况：一方面，用户体验设计师有专业的流程和方法，可以尽量避免各环节人员拍脑子想问题；另外，标准的设计原型、详尽细致的交互说明、专业的界面设计，减少了团队成员的理解和沟通成本，流程自然更井然有序，返工现象也会大大减少。

第五，协助产品经理组织各个环节，是整个项目的有力推动者。

用户体验设计师要分析、重塑需求；了解用户特征与行为；设计结构、流程、界面、动态效果；跟进前端、开发；及时整理线上问题，准备下次迭代……这个过程几乎贯穿了整个产品周期，并且用户体验设计师需要与各个环节打交道，沟通协调，交流想法。所以好的用户体验设计师相当于一个好管家，协助产品经理组织好各个环节，是整个项目有力的推动者。

品牌价值

用户体验设计师其实还有一个非常重要的作用，那就是维系和突出公司的整体品牌形象。统一的设计理念及风格可以更好地增强公司品牌识别度，起到非常好的品牌宣传作用，如图 2-13 所示。当然这不是靠个别设计师完成的，而是要依靠公司高层及设计团队的整体力量，以及其他部门的配合。

综上，用户体验设计师就是这么一个神奇的职业，它为用户、企业，甚至为社会带来的好处都是显而易见的。如果你对这个职业有兴趣，又认为自己很适合，那么就别再犹豫了，立刻投身这个职业吧，你会在给别人创造价值的过程中，也深刻体会到自己的价值。也许有一天，你真的可以改变世界！

網易
NEWS
网易新闻
网易云音乐
严选
春节不打烊
网易严选
邮
网易邮箱
读
网易云阅读
VIP
网易游戏会员
漫
网易漫画
网易蜗牛读书

图 2-13 网易旗下的产品图标

第**3**章　设计师的职业困惑

3.1　我适合干这行吗

"我不是学艺术类专业的，我适合做用户体验设计师吗？"

"我是学艺术类专业的，我想转行做用户体验设计师，需要学习什么呢？"

"做用户体验设计师，必须要会手绘吗？需要学习编程吗？"

这些是我听到的比较多的问题，我想在这里解答一下：不管是做 UE 设计师（用户体验设计师，也可能专指交互设计师或用户研究员），还是做 UI 设计师（一般指偏视觉方向的界面设计师），其实都没有绝对的专业门槛。在这个行业里有很多高手，他们的专业都是和设计完全不相关的。当然如果你本身是学设计相关专业的，在就业时会有一定的优势。至于手绘或者编程，当然会有加分，但这也不是必须的。

至于适合不适合干这行，我觉得最关键的问题在于是否有兴趣及天分。你可以问问自己下面这些问题。

是否热衷于各种好玩新奇的产品？

平时是否喜欢使用各种各样的产品并研究它是否好用？

是否更容易发现产品使用中的各种问题，并积极想办法解决？

是否充满各种灵感和创意？

是否喜欢思考问题，清晰地罗列各种解决方案，寻找其中的逻辑关系并乐此不疲？

在绘制草图时，是否有一种莫名的兴奋感？

喜欢跟人沟通和交流，展示自己的想法和创意吗？

一般来说，自己的想法容易得到别人的认可吗？

会精益求精，总是要求自己超出预期吗？

......

如果这些问题你的回答都是"No"，那就要好好考虑考虑自己是否适合了；如果大部分问题的回答是"Yes"，你可以开始考虑入行了。

3.2　菜鸟怎样入门

拿我自己的经历来说吧，当时我还在上学，无意中发现了 UE/UI 设计师的职位。由于我自己具有理工科背景，有一定的逻辑思维能力和归纳能力，爱思考、解决问题，尤其是复杂、棘手的问题；同时我又学过几年设计课程，对设计非常感兴趣。因此我认为自己非常适合这个职位。

但光适合是不行的，还得有一定的基础知识。我还记得第一次和一群同学去一家外企面试实习 UI 设计师时，面试官问："如果让你设计一个界面，你怎么考虑呢？"旁边的同学上来就说："恩，我可能画个花什么的……"面试官脸色突变，打断他道："你应该考虑用户的需求"。那次面试，我们几个都失败了，最后录用了一个工业设计专业背景的同学。后来我才知道，这个专业虽然不是教 UI/UE 的，但属于相关专业，课程中也含有一些人机交互、界面设计的内容。

于是，为了成为一名专业的用户体验设计师，我给自己定了一个计划：先阅读大量相关书籍，积累专业知识；然后争取找到一个实习机会，毕业后顺理成章地成为一名用户体验设计师。我的美术功底一般，但逻辑性比较强，因此我认为交互设计师这个职位更适合我。

但真正实施起来困难重重：书倒是看了不少，但因为没有相关的工作经历，很多东西并不能真正理解；交互设计师基本上仅存在于大公司之中（现在一些小公司也有这个职位了），职位机会很少；虽然学校里没有交互设计专业，但大量的工业设计毕业生也在争夺这个职位，竞争极其激烈。

经过 8 个月的不懈努力，我终于得到了一家大公司的面试机会。但到了那里我就不知所措了。加上我一共 4 个应聘者，其他 3 个都是工业设计专业的，并且每个人都有半年以上的相关实习经历。我非常忐忑，觉得肯定没戏了。

面试环节中，一个女生迟到了半个多小时，令面试官颇有不满。更让人没想到的是，轮到她介绍自己时，语气咄咄逼人，不仅过于夸张地强调自己有多么优秀，还有意无意地贬低其他应聘者。而另一个男生，虽然其专业背景和实习经历都非常符合要求，但却感觉没有太多激情和思考，表现平平。我不由得松了一口气。

笔试题目很简单：你认为你的手机有哪个地方设计得不好吗？请提出改善建议。面试官给每个人发了两张白纸，其他 3 个人马上"奋笔疾画"，开始流畅地在白纸上绘制流程图、线框图。我不由得感慨：有工作经验就是不一样啊，相比之下我真的是个纯菜鸟。

不会画线框图的我决定用自己的方式来回答这个问题。我认为设计一定是有理有据的，而不完全在于表现形式。所以我先陈述了一下手机的一些基本使用情况，如我认为大部分人只会用到 3 个功能——打电话、发短信、闹钟（那时大约 2009 年，智能手机还没有出现）。所以要解决设计问题，应该重点排查这 3 个功能的问题。最后我选择了"发短信"这个功能。我将自己置身于一个真实的使用场景，描述自己完成某一个具体的任务（当然这个任务必须得是合理的、经常发生的）时，会发生的一些情况，并阐述目前的设计是如何干扰我完成这个任务的，我觉得应该怎样改善更合理之类的……最后洋洋洒洒写了两大张纸。看着自己歪七扭八的一手烂字，再看看旁边 3 个应聘者的精美的线框图，当时真是欲哭无泪。

然而最后的结果出乎意料，我打败了其他对手，得到了去这家公司实习的机会。可以说，这家公司的交互设计师都是高手，有 10 年以上经验的人不在少数。后来我问其中一个面试官，为什么我可以得到这个机会，她说："我们其实不是很注重表现形式，我们注重的是思维。我觉得你的思维很好。有的人可能确实有经验，但光会画图，缺乏必要的思考也是不行的。"

后来，在实习过程中，我很快就学会了绘制纸面原型，如图 3-1 所示。但我们大部分时间的工作依然是思考、分析和整理各种文档等基础工作，画图的时间并不是很多。在工作的同时我也注意到，公司里这些高手们平时很低调、谦逊，善于站在别人的角度想问题，对同事十分热心，考虑问题时注重本质、推理而不是表象。学做交互其实就是学怎样做人，内在的修为决定了未来的高度。

图 3-1　纸面原型示例

作为一个新手，在入门时不要着急，先慢慢积累自己的专业知识。不光要看书，还应该尽量多看看网站或公众号上的文章。因为书中的内容可能比较偏理论，而网站上的文章更落地一些。平时多注重培养自己的思维和理念，而不是急于画图；多研究一些好的产品，思考人家这么做的原因。这些都是设计师日常必做的功课。

当然最重要的还是找一个实习或正式工作，积累项目经验。如果去不了大公司可以去小公司，小公司去不了可以自己做一个虚拟项目，或是优化现有的某款产品。重要的是要表述清楚自己的思路，而不是只展示设计结果。把这些东西当作自己的作品去应聘，也会得到一些机会。做完项目后再忙再累也要及时总结，定期写笔记、公众号文章等都是很好的习惯。

读书和实战项目不断穿插进行，及时总结会让你的水平迅速提升；反之，如果光读书不思考，或光做项目不总结，你就会发现自己长期以来一直在原地踏步，没有什么实质提升。"学而不思则罔，思而不学则殆"，道理其实大家都明白，但做起来并不容易。学习虽没有捷径，但使用正确的学习方法往往能让你事半功倍。

另外如果能结交一些同行是最好的，多和人交流会让自己受益匪浅。民间有不少免费的设计交流活动，也有收费的，如 IXDC、UCAN 等。如果你是学生，可以申请做这些活动或大会的志愿者，也能结识不少业内高手。我有一个前同事在做志愿者时认识了一位牛人，后来成功地被这位牛人推荐到了自己的公司工作。

总的来说大概就是下面这个结构，如图 3-2 所示。

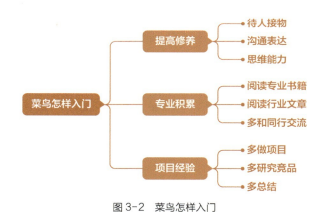

图 3-2　菜鸟怎样入门

3.3　去大公司、小公司，还是设计公司

其实作为新人，不用特别纠结选择什么样的公司。因为这个行业不缺新人，但是缺有经验能立刻上手的人。所以只要有能力有经验，就可以拥有挑选的余地。

总的来说，大公司的福利待遇较好、注重专业性以及对接业务的能力，有利于新人的发展；设计公司的专业性很强，但比较偏乙方思维，离业务较远，待遇也相对一般，不过顶级的设计公司还是可以的。如果去不了专业的团队，也可以考虑先去小一些的公司积累项目经验。注意小公司的专业度可能会差一些，在小公司更要注重学习。当然，小公司也有小公司的好处，如离业务较近、结构扁平化、发挥空间大等。不过现在和以前不同了，很多小公司发展非常迅速，公司里面聚集了大批不愿意在大公司受限的精英。

所以，如果你确定一毕业就去小公司，一定要好好甄别，看公司的环境、氛围、人员如何。多年前，我曾经面试过一个名校设计专业毕业的学生，他很聪明、理解能力很强，毕业后在一家小公司工作了 2 年左右，但是测试题做得一塌糊涂，一些基本的概念也不了解。给他一个设计原型，让他说出其中的问题，他仅能说出一些非常表面的东西，如对齐、字号大小等。原因就在于他的领导非常强势，但在设计上并不专业，而他又不得不按照领导的要求做，每天都工作到很晚……最后我只能感叹：太可惜了。

当然也有很多小公司做得非常专业，只不过作为经验不够丰富的新人，一定要谨慎选择。即使不能去一个很专业的平台，也要注意保持自己的专业度，不要被环境扭曲。

建议平时养成多看学习资料、多搜集设计文章或案例的好习惯，在网上可以查到很多优秀的设计公众号或网站，这里就不一一列举了。

3.4　什么样的应聘者更容易成功

我曾经为上百人做过职业咨询，发现来找我的咨询者，大多有找工作的困惑。我看了他们的简历和作品集，发现可优化的空间太大。最近几年面试应聘者，我也发现很多人的问题未必出在能力上，而是简历和作品集不过关，这就太可惜了。所以这里我想先说说简历和作品集，然后再谈面试。

什么样的简历更容易入选

很多设计师对待简历比较随意，有的甚至直接套用学生模板，这样的简历是很难"脱颖而出"的，而且会让面试官感觉应聘者略显稚嫩。现在像智联招聘、BOSS 直聘等软件自带的模板都可以帮助你生成比较职业的简历，你可以直接使用；也可以按照类似的格式做一份 Word 版本的简历。Word 版本的简历还是很有必要的，方便 HR 浏览、传文件、约面试、打印等。

Word 版本的简历并不需要很花哨，只放文字就可以了，其余的都可以在作品集里展示。一般来说，简历分为这几个部分：基本信息、求职意向、个人优势、工作经历、项目经验、教育经历等，可以根据个人情况适当增删。Word 版本的简历一般控制在 2 ～ 3 页，2 页比较合适。应届毕业生如果没有过多的项目经验，可以控制在 1 页。

简历里一定要突出亮点，如"5 年设计行业从业经验""具备从 0 到 1 的独立设计能力、搭建体系规范的能力""具有数据分析和埋点经验，擅长从数据角度评估设计价值""211 院校毕业""科班出身""有大厂项目经历"等。

有的人可能会说：我没有什么亮点怎么办啊？其实好好挖一挖，每个人都能找到自己的亮点。即使你不是 211/985 院校毕业的，不是科班出身，没有什么经验，你也可以说自己擅长手绘、团队协作能力强、喜欢学习、擅长思考、逻辑思维能力强等。当然要注意列举一些实例来证明自己的优点，否则这就没有意义了，因为谁都可以这么写。

在陈述工作经验和项目经验时，注意千万不要写成流水账或人人可套用的模式。我见过的大部分简历，都是这么写的：项目 A，完成 ×× 产品的需求分析、竞品分析、信息架构、任务流程、界面设计等；项目 B，负责产品整体风格设计、流程优化、页面优化设计等；项目 C……

当然这是我简化的版本，实际上的内容肯定要比这多，但是这样写的内容跟招聘网站上那一堆雷同的职位描述并没有什么区别，这让我严重怀疑这些应聘者在工作时是否用心，是不是只是按部就班地工作，而没有自己的思考。

改进的方式是：着重突出自己的成绩。例如在职期间你为公司、项目贡献了什么？有你和没你的区别是什么？换了别人效果会不会差不多？

"高效完成 ××× 任务，整体提高设计水平，大大提升产品的留存率"就比"完成 ×× 任务的设计工作"要好很多。如果能增加具体的数据指标，或者有实例来证明你是如何高效地完成任务、如何提高设计水平的就更好了。如果还能增加这项任务的挑战和难度的相关内容，以及完成这项任务的意义，就更棒了。这样你的简历一定会让人印象深刻，过目不忘。

举个例子。"带领团队在人手短缺、工期紧张的情况下，将××改版推进上线，并获得领导认可和用户好评"，这样描述是不是看起来生动多了？"完成设计规范，避免了因产品开发无规范导致的资源浪费，减少了因主观评审带来的设计资源浪费，大幅提升产品开发质量及团队协同效率……"看，同样是完成规范，这样描述就让人感觉这个工作非常有价值，并且面试官也会对应聘者产生良好的印象，毕竟格局高的人工作能力不会差到哪里去。

其实好的简历，就是通过一个个简短而又生动的小故事，告诉面试官，你在什么情景下，做了什么，最终达成了什么效果和实现了什么价值。大部分人只关注自己做了什么，而不考虑做这件事的背景、意义，以及自己贡献的价值，导致工作经验年年增加，自我价值却没有得到相应的提升，最终在职场中失去竞争力，反而还不如新人。

要想避免这种情况发生，大家需要在工作中养成勤反思的好习惯，做每一件事，都想清楚这件事情的背景是什么？我应该怎么做才能有更好的效果？我在其中的成长和对公司的价值是什么？这样，即使不用刻意包装，你也能写出让人眼前一亮的简历！

什么样的作品集我会直接说"NO"

如果简历过关了，我们就会再去看应聘者的作品集，作品集通过后就可以进入面试环节了。可惜的是，作品集这一关，基本可以筛掉90%以上的人。

常见的有以下这些情况。

- 给出站酷链接或某个网址，打开网页还要一个一个去看作品，非常不方便。

- 给出一个文件夹，里面有各种零散的图片和文件。

- 视觉设计师的作品集里只有一堆图片。

- 交互设计师的作品集里只有信息结构、流程图、线框图，或者只有线框图。

- 文件过大（50MB以上），不方便下载。（个人建议控制在20MB以内，当然特别优秀的、让人看了简历就忍不住想请来面试的人除外）

- 使用网盘，这样不方便在手机上直接查看，下载起来也麻烦。（面试官经常

外出或开会，如果面试官恰巧在用手机联系应聘者，却无法第一时间看到应聘者的作品，这个机会应聘者很可能就错失了）

总的来说这里面隐含了至少 5 个问题。

一是缺乏换位思考的能力。面试官每天要看无数份简历和作品集，平均在每个人身上停留的时间只有 2 ～ 3 分钟甚至几秒，如果你自己都没有提前整理、浓缩、提炼好自己的作品，面试官是没有这个义务帮你做这件事的。

二是没有理解这个工作的价值和意义。以为交互设计师的产出物就是线框图，顶多加上信息结构和任务流程图；而视觉设计师的产出物就是效果图。

三是缺乏深入思考的能力。如果不了解业务和背景，不了解设计思路，别人怎么可能光凭几张图去判断你的能力呢（视觉设计师稍微好一些，但也要注意提供基本的设计说明）。应聘者如果日常对工作仅聚焦在最终的产出物上，自然就会忽略前期最重要的思考分析以及整体的思考过程。

四是缺乏必备的职业素养。不注重条理性，缺乏向上汇报能力，不注重总结。

五是不够认真勤奋。

予人方便就是予己方便，更何况作为用户体验设计师，更应该具有同理心。据说外面有一些专门的机构教人写简历或准备作品集，动辄收费数千元甚至数万元。其实只要应聘者稍加注意，这些"坑"完全可以避免。

一般来说，遇到上述这些情况，我会直接略过。开始还会打开这类作品集看一看，但是经过一段时间，我发现提供这类作品集的应聘者，基本没有能力突出或者符合职位要求的。之后为了提升招聘效率，我就只看有"像样"作品集的应聘者了。

一旦你开始认真对待作品集，把过往的作品精华和背后的思考、总结整理成一份精致、浓缩的 pdf 文档，你就已经超越大部分的应聘者了。要做到这点，需要日常就养成勤思考、勤总结的好习惯，并且认真打磨自己的作品集，让它成为你最重要的作品！

当然，作品集内容七分靠实力，三分靠包装。包装也许有捷径，但是实力只能靠系统学习和日常积累，你可以通过后面的内容学习到比较系统的用户体验设计思路。

什么样的应聘者我会说"NO"

　　工作这么多年，我面试过的设计师有几百人。对于有工作经验的设计师来说，如果简历和作品集没有问题，面试时我会主要考察对方的沟通表达能力、求职意向是否强烈、能力与现有岗位要求是否匹配等。所以是否录用并不完全取决于应聘者的实际能力，而是要看其是否合适，是否具备最高性价比，尤其是在这些年行情不太理想的情况下。很多应聘者一旦面试失败就垂头丧气，以为自己不够优秀，其实越是条件好的设计师可能越难找到理想的工作，因为金字塔尖的机会相对来说更少；中高级偏执行的设计师反而容易同时得到多个 offer，当然前提是其年轻有潜力。

　　而面试应届生就简单多了，除学习背景和实习经历外，主要就是看沟通能力和发展潜力。面试了那么多人以后，我发现问题其实也就那么几种，我把它们归纳成以下 3 种典型类型，如图 3-3 所示。

图 3-3　面试失败典型的 3 种类型

作为新人，切勿抬高自己贬低别人。在学校里，要靠自己努力拼搏取得好成绩，得到认可；但在公司里，靠的是互相协作来完成一项艰巨的任务。所以在面试时，一方面要突出自己的个人能力，另一方面也要强调自己的协作和沟通能力。

还有一种非常常见的情况是：很多新人讲起方法论来头头是道，但是落实到具体方案上还是会出现很多逻辑或体验上的问题，这非常正常。用户体验设计既需要专业素养，也需要不断积累实践经验。所以即使在学校里非常优秀，也不太可能到了公司里一下子就成为专业高手，这是新人需要正视的问题。但只要虚心学习、踏实积累，新人会进步得非常快。

当然也有不少看起来很优秀的学生，好像还活在校园里，平时不关注行业新闻和专业趋势，没有积极拓宽自己的视野，这就比较可惜了。从学校到社会，是一个巨大的分水岭，在思维、心态、行动上都要有所不同才能跨越这道鸿沟。所以大家找工作时，不要一股脑地把心思放到简历、作品集和面试上，这些固然很重要，但更重要的是平时的积累；否则就会出现频频碰壁的情况。

什么样的应聘者我会说"Yes"

我们在进行面试（针对高级以下设计师，高手则另当别论，主要看和职位的匹配程度）时，不会只看重应聘者的设计技能，而是会综合来看。那我们重点考察哪些方面呢？我大概分成了 4 个方面，分别是兴趣、素养、思维、技能，如图 3-4 所示。

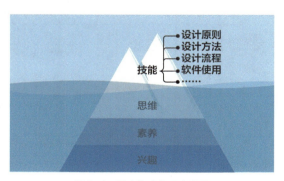

图 3-4　重点考察的 4 个方面

　　一是对用户体验设计具备浓厚的兴趣。兴趣是最好的入门老师，有了兴趣才可能在工作中倾注热情，事半功倍。所以我在考察应聘者时，会先看对方对设计、体验是否有浓厚的兴趣。例如，我会问他平时喜欢做什么，喜欢用什么软件，正在学习什么，等等。

　　二是具备良好的素养。在实际工作中，设计师需要和其他人沟通协作，如产品经理、开发工程师、其他设计师等，这要求设计师有良好的沟通能力和协调能力，具备良好的人格素养。

　　三是具备强大的思维能力。设计师必须有能力去解决一些更深层次的、抽象的问题。这其实涉及一个思考习惯，就是从整体到局部，再到细节，最后回归整体的思考过程。例如领导给你一项任务，让你去做某产品的设计风格分析，你需要知道应该从哪些关键点入手，从关键点的哪些维度考虑，每个维度下的具体内容是什么，如何组织这些信息……

　　设计师还需要有足够的能力去解决项目中出现的各种棘手问题，如流程、方法、沟通等问题，不断地思考并尝试灵活调整，这需要有强大的思维能力做后盾。

　　四是具备良好的审美能力。关于这个问题，我和很多设计管理者聊过。有的人告诉我，审美是天生的很难改；还有的人说，他面试时会观察应聘者的着装打扮，如果不够时尚精致，就不考虑了。我也认真观察了身边很多优秀的设计师，发现并不是所有人都穿着时髦，也有很朴素的。

　　但总体来说，审美对于设计师来说确实非常重要，并且短期很难改善。建议设计师一方面多接触美好的事物培养审美能力；另一方面，如果实在不具备良好的审美能力（需要有自知之明），可以刻意发展自己的思维和总结能力，也能找到属于自己的新天地。

　　五是掌握专业的技能。如果前几者你都具备了，那么成为一名优秀的设计师只是时间的问题。通过不断学习专业技能，如基本设计原则、方法、流程、绘图技能、软件等，再积累丰富的项目经验，你一定能够产出优质的作品，得到更好的工作机会。

　　六是有良好的总结能力。很多设计师以为在工作中积累就可以做到熟能生巧、巧能生精。可实际上并非如此，我见过很多曾经优秀并且兢兢业业，但没什么上进心的设计师，几年后已经泯然众人矣，因为这么多年来他们几乎没什么进步，只是类似的工作越做越熟练而已。

只有有意识地反思和总结，并把经验带到下一次项目中，才能形成良性循环，越做越好。

图 3-5～图 3-8 是一些优秀用户体验设计师的设计汇报、设计原型截图、作品集截图和 UI 作品截图，你可以参考。

如何为测试题做准备

作为设计师，求职时经常会遇到测试题环节，很多人不重视这个环节，草草应付了事。事实上，根据我的经验，这一关几乎可以卡掉 80% 的应聘者。

那怎么避免在这个环节遗憾落败呢？

首先，作品集中不要"掺假"。 很多设计师会拿部分别人的作品冒充自己的，虽然能混到面试，但是一到测试题环节就"原形毕露"了。

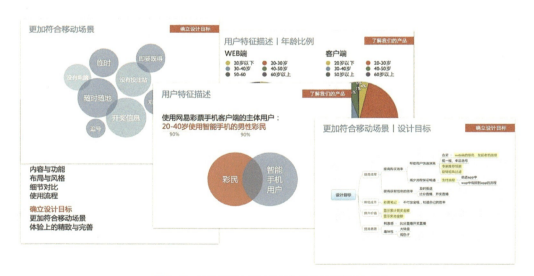

图 3-5　某优秀用户体验设计师的设计汇报（部分）

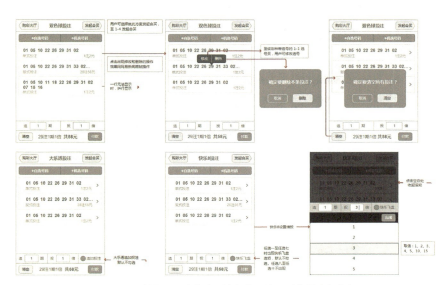

图 3-6 某优秀用户体验设计师的设计原型截图（部分）

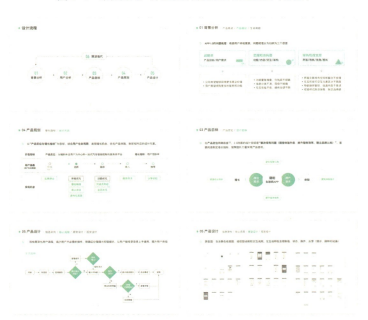

图 3-7 某优秀用户体验设计师的作品集截图（部分）

图 3-8   某优秀用户体验设计师的 UI 作品截图（部分）

其次，要非常重视测试题。测试题不仅关系到你是否能应聘成功，还关系到你的级别和薪水，所以一定要认真对待。

再次，拿到测试题后先不要着急做。可以多花点时间分析题目要求并构思创意，如果有不明白的地方最好和面试官联系；不方便联系的话可以多给出几种设计方案以应对不同的情况。

最后，没有成功也不要轻易放弃。可以询问面试官是否可以再给一次机会完善测试题，这中间可以付费请教行业高手。如果你真的很想得到某个机会，多花点心思甚至金钱是值得的。

上述内容仅作参考，毕竟每个面试官的标准不尽相同。写了这么多只是想说明，测试题不仅能衡量设计师的专业能力，更能对设计师的综合能力进行全面考量。

3.5   未来的发展方向

大家一定都非常关心设计师未来的发展方向，我刚入行时完全不知道这个职业会走向哪里，而我的领导以及广大同行也感到非常迷茫。还好经历了这些年，这个问题的答案逐渐清晰明朗起来。下面我从"Title"和"事情"两方面分别来说。

从 Title 的角度看

这么多年走过来，我身边的设计师主要有以下几种变化。

走更高级别的专家路线。事实上纯粹的"专家"在互联网公司里基本不存在，一般来说都是要带人的，只不过是带着一群人一起做更大的事情而已。所以如果想走专家路线，不仅要提升专业能力和综合素养，还要有意识地提升沟通协作甚至管理能力（管理好自己也是管理能力的体现）。

高级别的人和低级别的人有什么区别呢？简单来说，初级设计师更关注实操技能；高级设计师更关注产出质量；设计专家关注目前的事情对团队层面的影响与价值；高级专家关注目前的事情对业务部门或公司层面的影响；高级管理者关注如何凝聚团队，提升目前的事情对公司、行业的影响力……

也就是说，级别越高不意味着专业执行能力越强，但你的格局和视野一定会有质的飞跃。

走管理路线。我在工作快两年时，因为一个偶然的机会成为了管理者，一下子管理十几人的团队，其中包括交互、视觉、用研 3 个不同的职位。那时我感到茫然无措，完全不知道从何入手。经过几年的摸爬滚打，我才逐渐找到感觉，明白做管理和做执行是完全不同的思路。做执行，几年就很容易触碰到天花板；但是做管理，却需要永无止境地扩展各项能力。

当然不是所有人都想成为管理者，也不是所有人都适合做管理。做管理意味着要和更多人打交道，承担更大的责任、更大的挑战，甚至更多的焦虑；而做执行可以把更多精力聚焦在做事情上。选择哪种都没有问题，只看你更适合哪种。

总的来说，管理者需要更综合的能力，尤其是待人处世的能力，而不仅限于把事情做好。专家级别的设计师，则要有能力独立或带领一群人把事情做好。关于做事，主要又可以分成下面两个方向，分别是全栈 / 用户体验设计师和品牌 / 创意设计师。

全栈 / 用户体验设计师路线。"全栈设计师"的概念（有的公司后来统称"用户体验设计师"，和我这里面讲的用户体验设计师概念基本一致）已经流传了很多年了，现在逐渐被大家接受。但到底什么是"全栈"呢？不同公司，不同设计师的理解不尽相同。有的人说"全栈设计师"既要会交互，又要会视觉，还得会做用户研究；有的人说"全栈设计师"不需要会具体的技能，但是要有全局观，可以带着不同角色共同完成项目。

目前我常见的情况是：UI 设计师懂一些交互知识，偶尔也能参与用户研究，以产出更符合业务需求及用户诉求的界面设计；交互设计师能参与需求分析，能制作高保真的设计原型，同时能主导用研和视觉参与项目；用研能产出用研报告，同时还能推进落地……总之，纯粹画图的 UI 设计师和纯粹做设计原型的交互设计师以及纯粹做用户研究的人越来越少。

当然，什么都懂一些和什么都很专业还是有区别的，但是在现在这个越来越追求效益的时代，人们并不需要面面俱到，把什么都做得很专业，这不可能也没有必要；横向了解相关知识并且能够融会贯通，把自己的本职工作做得更好、更有价值，才是王道。

品牌 / 创意设计师路线。 并不是所有的设计师都适合走全栈设计师路线，因为这需要有较强的逻辑思维能力。而很多设计师是天生的"感性派"而非"理性派"，他们可以画一手好图，却对数据、研究、方法论、流程图等望而生畏。这样的设计师可以走品牌或创意设计师路线，参与公司品牌 logo 设计、主视觉调性设计、线下发布会、线上营销活动、H5 创意等工作。其实品牌 / 创意设计师路线的挑战更大，因为这项工作既需要有良好的绘画功底、天马行空的创意，还需要有眼界和格局，能结合当前的业务、用户，以及各种限制条件进行合理的创造。关于品牌创意方面我在《破茧成蝶 2》里也有一部分内容涉及，感兴趣的读者可以进行延伸阅读。

转其他职位。 我见过很多视觉设计师转交互设计师，也见过交互设计师或用户研究员转产品经理或营销职位。就拿我现在的工作来说吧，我的领导管理了 300 多人的部门，部门包含营销、产品、设计、研发、品牌等多个职能，而她大学学的是视觉传达专业，毕业后也做了好几年设计，后来才慢慢转行；我们现在的产品团队负责人，大学学的是设计类专业，毕业后先做的交互设计，后来才转到产品岗位；还有之前的产品研发负责人，也是设计背景。当然也有设计师或曾经是设计师的人去创业，甚至有转行去做电影的，并且做得还不错。

可以说，设计师这个职位有无限的潜能和发展的可能，它可以演变成各种职位，但没有一种职位可以很轻易地转成设计师。只要你有兴趣、有热情，你都可以转到其他岗位去尝试（当然转研发比较困难），所以不用给自己设任何限制，要相信自己的未来有无限种可能。

从事情的角度看

就我现在的团队来说，我们的工作会集中在体验、增长（想了解更多可以阅读《破茧成蝶 2》以及后续将要出版的新书）、营销创意、智能系统（如阿里的"鹿班"系统，通过人工智能的运用，大幅提升 banner 制作效率和效果）、日常支持这几类。

不同的公司，不同的设计团队的工作重点是不同的，如有的团队可能侧重品牌设计方向，有的侧重人工智能方向，有的侧重营销大促方向，等等。你可以根据自己的兴趣和能力，选择适合自己的方向深入研究，而不去考虑现有能力的限制，那么你也可以逐渐形成自己独特的竞争力。

就拿增长来说吧，如果想通过设计驱动增长，那么你需要更综合的能力，如交互、视觉、用户研究、营销、数据分析等；而且你需要把这几种能力融会贯通，以结果为导向。在这个过程中，你会发现之前传统的技能中有很多的缺陷或者"落伍"的地方，那么这时你就可以重新"改造"它们，形成以增长为导向的全新知识体系。

总之，初级设计师单纯学习技能；高级设计师累加多种能力；专家级以上设计师融会贯通自成体系，能有所创新并推动落地，带来更大的价值和影响。这就是你们每个人的成长之路！

虽然未来无限美好，但此刻仍需脚踏实地，从点滴做起。接下来我们就开始学习用户体验设计的基础知识，迈向踏入梦想大门的第一步阶梯。

第二篇　技能篇

第4章 设计流程——设计师具体做什么

4.1　设计师如何参与一个具体的项目

前面提到过，用户体验设计首先是要解决用户的某个实际问题，其次是让问题变得更容易解决，最后是给用户留下深刻的印象，让用户在整个过程中产生美好的体验。

因此，用户体验设计的目标可以归纳为：解决用户需求、减少用户理解和操作的成本、给用户留下美好而深刻的印象。

在具体工作中，为了达到这个设计目标，设计师不仅需要有理性的思维、巧妙的创意，还要在项目中学会与其他角色协作，共同实现方案。图 4-1 所示的示意图展示了设计师具体的工作流程和协作方式。

从这个图中可以得知：在实际项目中，设计工作并没有大家想象中那么轻松。

首先要分析需求、了解需求。要做一个什么样的产品？目标用户是谁？要达到什么样的目标和效果？具体有哪些功能、内容等。

然后开始进行设计。梳理任务流程和信息架构、设计界面框架，经多方沟通确认设计草图符合目标后，再细化交互和视觉设计，最后用专业的软件工具把设计方案呈现出来。

经过设计评审后，设计师要去跟进后续的开发、测试环节，确保最后落地的产出物和设计方案一致。

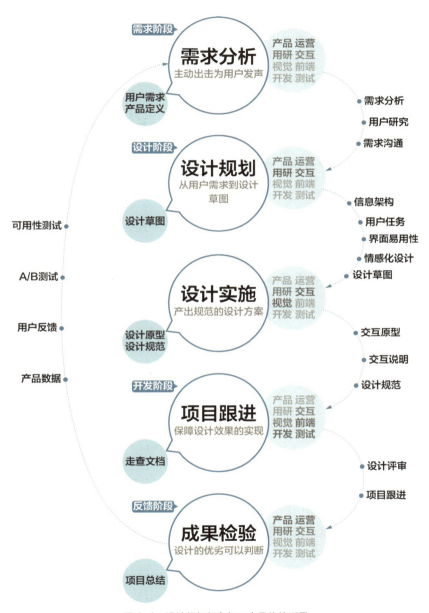

图 4-1　设计师如何参与一个具体的项目

产品上线前后，需要对体验、效果进行检验。小的问题可以及时解决、迅速发布；较大的、比较耗时的问题可以留到下次优化迭代时逐一解决。毕竟再好的产品也不可能一步到位，快速上线、快速试错的方式更顺应目前竞争激烈、日新月异的互联网环境。

如此，便形成了一个循环往复的过程，产品在其中得以不断优化、快速成长。

4.2　设计师容易在项目中遇到的问题

上述流程虽看起来很合理，但在执行过程中困难重重。设计师经常会遇到以下问题。

- 时间紧张，留给设计师的时间太少。
- 一个设计师负责多个项目，没办法一一跟进到底。
- 和团队成员座位距离太远，沟通不便。
- 产品经理不能够清晰阐述需求。
- 设计师专业能力有限。
- 开发人员精力有限，没完全按照设计方案做。
- 上层领导干预过多。

……

总的说来无非是这几条：团队成员的专业能力、外界因素的影响、团队凝聚力。专业能力和外界因素难以立刻改变，但增强团队凝聚力是可以做到的。很多时候，并非团队成员不愿意遵守流程，而是大家对设计流程没有达成共识，每个人只管自己职责范围内的事情，漠视和其他角色的沟通配合，这给设计师的沟通、协调、跟进造成了不小的难题。但设计师完全有可能改进这些问题。例如设计师可以找到产品经理或项目负责人，在流程问题上与他们达成共识、得到他们的支持，同时制定一些举措，如排期时预留出设计走查的时间，而不是只给设计师做设计的时间；开发完成后及时通知设计师进行走查，以保证流程可以顺利实施下去。

　　可能有人会问，遵守流程有这么重要吗？如果不遵守会出现什么后果呢？实际上，在我早期经历的项目中，由于各种原因，常常会遇到意外的情况（这些情况并非个例，在其他公司也常常会出现，在后面的章节中会具体阐述），它们一般会导致如下问题。

- 由于需求不清晰或来回反复导致效率大大降低。
- 方向不明确导致设计方案被反复推翻，设计效果欠佳。
- 原型粗糙、缺乏规范，使开发人员理解设计方案的成本增加。
- 上线效果与设计方案相差甚远，人力遭到浪费。
- 上线后不清楚具体效果，为下一次优化更新造成了障碍。

　　……

　　可见，不遵守正确的流程，既影响产品最终体验，也影响项目效率，还会造成极大的资源浪费。但设计师毕竟不是产品及项目负责人，在项目中的话语权比较有限，要想顺利和大家共同执行正确的流程，不仅自身要具备专业的能力，还要注意和团队成员的沟通和协调。

　　这也就意味着，一个只具有专业技能，不懂变通和沟通的设计师已经远远不能满足岗位的需求。大家在学校里学的，在专业书上看的，只能解决工作中的一部分问题，而不是全部。设计师需要时刻具有紧迫感，要求自己具备更全面、更综合的能力。

　　那么设计师具体该如何做？如何掌握主动权？如何让项目回归正确的流程呢？我会在后面几章中分别阐述。

第5章 需求分析——主动出击为用户发声

设计方面的书一般会告诉大家：设计师通过挖掘用户需求、创建人物角色、描述用户场景、设计用户任务和信息架构、完成界面设计，最终得到可以交付给开发人员的设计原型。

然而设计师在实际工作中，很难顺利地把这些流程、方法执行下去。工作中往往会面临各种意想不到的挑战：产品经理撰写详尽的需求文档或提供设计原型，设计师发挥的余地就会很小；但如果产品经理不提供任何需求或给的需求不靠谱，设计师又不知该从何入手；有的产品经理比较强势，需求会来回反复；甚至有的产品经理要求设计师照抄竞品；设计方案被随意推翻更是家常便饭……

这些看似"意外"，实则在各个公司都经常发生的情况常常让设计师们措手不及，让设计师们满腹的专业技能无处发挥。如何面对这些问题，设计师如何能够自如地发挥专业技能，顺利地开展设计，是这章重点关注的问题。

5.1 和产品经理一起做需求分析

做产品不可避免地要同时考虑商业价值和用户需求：只有让用户满意，用户才更愿意继续使用产品，公司才能从中获得商业价值；商业价值提升了，公司才能花费更多的时间和精力用在提升用户体验上。因此，商业价值和用户需求两个因素，缺一不可。

当然再好的需求，也要有开发人员配合实现才行。因此在实际工作中，需要从商业、用户、技术 3 个角度来平衡考虑需求。缺少了任何一个角度都是十分危险的，项目都有可能以失败告终，如图 5-1 所示。

图 5-1　需求考虑的角度

那么设计师应该如何和产品经理合作，才能同时考虑到商业、用户、技术这 3 个角度，使项目可以顺利进行下去呢？

现在各公司比较常见的做法是：产品经理考虑产品方向、功能、上线时间等，并撰写需求文档，然后交付给设计师；设计师理解需求后，侧重于从用户的角度考虑，把需求转化为界面。实际上这种方式存在一些问题：设计师没有参与前期的需求分析，如何能保证通过一份需求文档或简单的沟通就完全领会产品经理的思想？另外由于考虑的角度不同，设计师并不能在需求文档中直接得到自己最需要的东西，如产品定位、目标用户的情况、用户使用时的痛点、期望等信息。一连串的功能列表往往让设计师一头雾水、无所适从。

可能有的人会说：让产品经理直接绘制原型就可以了，这样既减少了撰写需求文档的环节，提升了效率，又减少了沟通成本。在产品初期，这的确是一种合适的策略、但是随着产品体量越来越大，用户对体验的要求越来越高，就需要有更专业的人来分担这部分工作。例如在我目前所在的团队，一开始是有交互设计师的，后来公司希望内部节奏能更快一些，就把交互设计师都转成了产品经理，由产品经理出原型。但是等产品发展到一定程度后，大家发现内部效率反而越来越低了。因为产品功能越来越强大、逻辑越来越复杂，产品经理背负的绩效指标压力也越来越大，无法将太多精力放在原型细节上，所以给出的原型经常漏洞百出。尽管这边的视觉设计师都具备一定的体验知识，但是也要花费大量的时间和产品经理探讨逻辑细节，导致视觉工作经常延期。所以现在又在考虑增加交互设计师的岗位。

关于产品在不同阶段所侧重的体验设计流程，有兴趣的读者可以延伸阅读《破茧成蝶2》，里面会阐述得更加清晰。这里只讨论常规情况下大公司内部的设计流程。

在常规情况下，无论是产品经理独自完成需求文档，再交付给设计师进行设计，还是产品经理自己绘制原型（小公司或初创阶段除外）可能都不是最好的办法。产品经理和设计师如果能在初始阶段合作，融合各自的方法，共同完成需求分析，可以更好地平衡商业价值和用户需求，同时也保证最后的设计产出物不会过度偏离初始的产品方向。

那么具体如何进行呢？首先从需求分析的前奏——产品定位讲起，看看在这一过程中，设计师该如何配合产品经理，为后面的需求分析打好基础。

5.1.1　不可忽视的产品定位

设计师："你的需求文档写得很详细，但是缺少最重要的东西。"

产品经理："还缺少什么呢？功能、业务逻辑都描述得很清楚了。"

设计师："产品定位啊。我不知道这个产品是面向什么群体的，他们的使用环境如何，还有产品的功能、特色是什么，跟竞争对手的差别是什么。这样我怎么做设计决策呢？"

什么是产品定位

工作这么多年，有一件事让我印象特别深刻。那是大概 2011 年的时候，有个正在做网易新闻客户端的同事给我们做分享，说曾经看到大量用户吐槽网易新闻更新速度太慢了，但是产品负责人却没有打算改进这个问题。为什么呢？因为当时网易新闻客户端有三大特色，其中一条就是要走精品路线。所以当时网易新闻使用了大量编辑做人工审核，而人工审核必然会导致更新速度慢。如果改成自动抓取，就可以提升更新速度，但是那样又无法保证新闻质量了。鱼和熊掌无法兼得，我们没有办法满足所有用户的所有需求，那么如何取舍呢，这个时候产品定位就发挥作用了。

过了很多年，网易新闻依然受到大量用户的喜爱，因为它是一个非常有特色的新闻 App，里面的新闻有观点、有态度，用户评论犀利有趣。在新闻类 App 竞争激烈的环境下，它依然拥有自己的一席之地。

如果缺乏产品定位，设计师不仅难以决策需求的优先级，还会浪费大量时间在不必要的纠结上。我至今还会经常遇见这种场景，一群人脸红脖子粗地讨论一个很简单的界面问题：A 说某模块重要，应该在视觉上强化；B 说这个模块不重要，应该弱化；C 说文案应该改成 ××；D 说应该直接照着某网站界面抄……大家各抒己见、乱成一团，最后完全忘记了到底要讨论什么内容，几个小时后没有任何结果。

产品定位不仅决定了产品设计方向，也是需求文档和设计产出物的判断标准。此外，产品定位也使团队成员形成统一的目标和对产品的认识，使团队更有凝聚力，从而大大提升沟通和工作效率。因此，在确定具体需求之前，一定要首先考虑产品定位是什么。

如果没有产品定位，产品就如同失去了方向盘的汽车，横冲直撞；项目团队也会成为一盘散沙。

产品定位的内容

产品定位实际上就是关于产品目标、范围、特征等的约束条件，包括两方面的内容：产品定义和用户需求。产品定义主要从产品角度考虑；用户需求主要从用户角度考虑。最终的产品定位应该是综合考虑两者关系的结果。产品定位的内容，如图 5-2 所示。

图 5-2 产品定位的内容

其中，产品定义包括使用群体、主要功能和产品特色；用户需求包括目标用户、使用场景和用户目标。其中目标用户是在使用群体细分的基础上得到的，它也在一定程度上影响了使用场景和用户目标。

产品定义中的主要功能、产品特色和用户需求中的目标用户形成了产品定位中核心的内容，是产品设计的最主要方向和依据。

产品定义

产品定义可以用一句话来表述，如一款专供摄影初学者使用的简单易用的修图软件。这里的使用群体是"摄影初学者"，主要功能是"修图"，产品特色是"简单易用"。如果你的产品很难用一句话描述清楚，那么很可能是因为你的产品定位不够清晰，方向不够明确。

"使用群体"帮助你明确产品主要为谁服务，所有的功能、内容、设计风格的设定都围绕这类群体来进行；"主要功能"为你划定了功能的范围和限制；"产品特色"使你的产品区别于同类竞争对手，让你的产品在同类产品中"脱颖而出"，更具竞争力。

举个例子，在设计一款音乐播放 App 时，产品经理需要事先考虑什么方面？

大家知道听音乐的用户群体是非常庞大的，他们类型各异，具体的需求也不一样，满足所有人的需求是不可能的，这样只能制造出一个"功能复杂齐全、体验全面平庸"的产品。因此需要知道听音乐的用户大概有哪些（如学生、白领、老人、农民工等），他们各自有什么特征，哪类人群更适合重点关注，如何更好地满足他们的需求；如何突出特色功能，与竞争对手拉开差距。

当然使用群体、主要功能、产品特色不是一下子就能想出来的，一般是产品经理基于市场调查、用户研究，以及对自身资源的综合分析得出的初步结论。

例如市场调研给出的用户占比结果是：学生占 30%、白领占 30%、老人占 15%、农民工占 25%。而公司目前的主要用户以白领居多，且这部分群体的收入较高，对公司更有商业价值，因此选择白领作为该产品主要的使用群体。而根据竞品分析和用户调研，可能会发现市面上的同类产品存在各种各样的问题，其中比较突出的有音质不佳、更新速度慢等问题，而公司恰好有这些方面的资源可以很好地改善这些问题，那么就可以把音质、更新速度等作为产品的特色和卖点。

最后得出的简单产品定义如下。

使用群体：白领。

主要功能：播放音乐。

产品特色：音质清晰、更新速度快。

有了产品定义还不够，它只是给了方向和范围，还需要在此基础上深入挖掘用户需求，提升用户体验，这样才能使产品进一步走向成功。就好比打井，只有找到正确的位置，并在此位置不断深入挖掘，才能找到水源。

用户需求

用户需求主要包括目标用户、使用场景和用户目标。一个用户需求可看作是"目标用户"在"使用场景"下的"用户目标"，其实就是"谁"在"什么环境下"想要"解决什么问题"。用户需求其实就是一个个生动的故事，告诉设计师用户的真实境况。设计师需要了解这些故事，帮助用户解决问题，并在这个过程中让他们感到愉快。

回到刚才音乐播放 App 的例子上，作为一个设计师，应该考虑哪些内容呢？设计师可以通过头脑风暴的方式，邀请产品人员一起在产品定义的基础上畅所欲言，列出所有想到的内容。在这个过程中，大家头脑中会浮现出一连串的故事，帮助设计师确定用户需求。

A："我有个朋友酷爱运动，她跑步时一定要听音乐，而且要听特别动感的音乐……"

B："我就想知道最近流行什么音乐，不然 K 歌时总觉得自己很落后。"

C："不知道大家有没有这个烦恼，不知道该听什么，推荐的自己又总是不喜欢。"

……

当然这些内容一定不要脱离前面产品定义的范围。最后整理出的用户需求如下。

目标用户：休闲型、小资型、达人型。

使用场景：上班路上、工作时、睡觉前……

用户目标：快速找到最流行的音乐、需要音质最好、只听某个类型的音乐……

根据上述内容，设计师可进一步发散，考虑如何更好地解决用户的问题，考虑的范围包含功能、内容、特色等。最后发散出图 5-3 中的一系列关键词。

从图 5-3 中可见，选择不同类型的目标用户、使用场景、用户目标，都会得出不同的产品需求。这也足可见事先确定范围的重要性。

需要说明的是，休闲型、小资型、达人型用户虽然有区别，但他们之间并不是绝对独立和互斥的关系，他们的一些使用场景和用户目标甚至是重合的。例如，休闲型和小资型用户可能都有分享音乐的需求。因此在发散使用场景和用户目标时，不需要太受群体类型的限制。"放"得越宽，"收"的时候才越有选择余地，越不会遗漏重要内容。

选择目标用户

前面已经列出了长长的清单，里面有不同的目标用户、使用场景和用户目标，这是一个"放"的过程。接下来应该从想象回到现实了，从中筛选需要的内容，这是一个"收"的过程。

在目标用户、使用场景、用户目标 3 个因素中，目标用户是最关键的。一方面，明确目标用户可以使你更专注于服务某类特定群体，这样更容易提升这类群体的满意度，你的产品也更容易获得成功；另一方面，目标用户的特征对使用场景和用户目标有较大的影响。因此目标用户的选择是非常关键的。

前面按照对音乐的需求 / 专业程度将目标用户分成 3 类：休闲型、小资型和达人型。休闲型的用户没有什么明确目的，主要是为了消遣、娱乐；小资型的用户则对音乐有较高的要求，追求品质；达人型用户属于音乐"发烧友"，追求极致的体验。

目标用户	关键词
休闲型	操作简单、懒得发现、流行音乐
小资型	高端、时尚、歌曲种类较多、音质好
达人型	功能专业、音质顶级标准、DJ推荐等

使用场景	关键词
上班路上	声音大、清晰、不伤耳朵、切换方便
工作时	安静平和的歌曲
睡觉前	夜间模式、睡眠定时
运动	剧烈晃动时不影响播放、节奏感强
休闲放松	轻松欢快的歌曲

用户目标	关键词
快速找到最流行的音乐	声音大、清晰、不伤耳朵、切换方便
需要音质最好	高音质、无损音乐
只听某个类型的音乐	提供音乐分类（按类型、语种、风格）、精选集
可以跟着学习	K歌模式
懒得挑选，想直接听	猜你喜欢、随机电台
分享喜欢的歌曲	分享、制作精选集
有确定想听的某一首歌	音乐搜索
保存喜欢的歌	收藏、下载
想知道某首歌曲的歌名	听歌识曲
只想听一首歌	单曲循环

图 5-3　用户需求关键词

　　该选择哪类群体作为产品的目标用户，需要综合权衡用户对公司的价值以及潜在需求量。别忘了，平衡商业价值和用户需求本来就是设计师需要特别关注的。用一个坐标图反映潜在用户的分布情况，坐标图的两个轴分别是潜在用户量和商业价值（包含对推广、营销成本的考虑），如图 5-4 所示。设计师应优先考虑右上角那些潜在用户量大和商业价值大（推广成本低）的用户。因为要同时考虑到商业价值和用户需求，所以这项工作最好由产品经理和设计师配合完成。

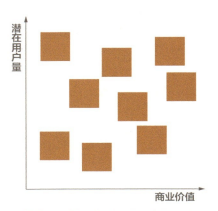

图 5-4　通过权衡潜在用户量和商业价值选择目标用户

根据综合考虑，最终选择了 25 ～ 35 岁的小资型白领作为最主要的目标用户。这部分用户和公司已有用户类型比较吻合，对公司的商业价值更高、推广成本更低（根据每个公司的自身情况考虑），对听音乐有较大的需求，黏度较高，用户需求较明确。休闲型用户需求度较低、黏度也不是很高，是作为次要考虑的目标用户。达人型用户数量最少（专业型的用户一般来说数量都是最少的）、且要求较高，比较难以满足，因此是优先级最低的用户类型。

确定产品定位并据此筛选需求

目标用户确定后，产品定位也相应产生。这样就可以根据产品定位筛选匹配的使用场景和用户目标了，从而得出相匹配的关键词（产品需求）。

目标用户：25 ～ 35 岁、追求潮流、高端音乐品质的白领。

主要功能：听音乐。

产品特色：音质佳、更新速度快。

使用场景：上班路上、工作时、睡觉前、运动、休闲放松。

用户目标：需要音质最好、只听某个类型的音乐、分享喜欢的歌曲、保存喜欢的歌、想知道某首歌曲的歌名……

关键词：高端、时尚、歌曲种类较多、切换方便、夜间模式、睡眠定时、高音质、无损音乐，提供音乐分类、精选集，分享、制作精选集，收藏、下载，听歌识曲……

使用场景、用户目标、关键词的结果依赖于不同的思考、调研方式。例如这里使用的是头脑风暴的方式，如果使用其他的方式可能会得到其他的结果。它们虽不属于产品定位中最核心的部分，但同样对后续的需求文档撰写、设计方向起到非常关键的作用。从关键词中，已经可以看到产品需求的雏形了。

在整个过程中可以看到，产品经理的决策是至关重要的。在和设计师一起确定产品定位前，产品经理需要事先做很多准备工作，如了解市场调研结果、了解市场上同类产品的情况、了解潜在用户的基本情况、了解自身优势与劣势……如果缺乏了这些必要步骤，设计师再怎么努力也无济于事。所以设计师不要盲目地等待需求文档，一定要帮助产品经理明确、落实这些内容，配合产品经理一起明确产品定位，再进行详细的需求定义、文档撰写、设计工作等。

当然，每个产品的情况不一样，各公司的环境也大相径庭。这里仅抛砖引玉，介绍一种产品定位的思路，在实际工作中还需要具体问题具体分析。

5.1.2　需求从哪来

"通过用户调研，发现用户在购买××类产品时，非常担心个人隐私泄露。所以我们是否考虑在界面明显位置提示用户，打消用户的顾虑？"

"用户反馈找不到下载按钮，我们是否考虑在界面上突出一下？"

"通过竞品分析，发现不少网站都加入了××功能，用户反馈很不错，我们这期也可以考虑加入。"

"通过产品数据，我们发现80%购买了A产品的用户都购买了B产品，那么我们是否可以考虑组合销售的方式？"

……

上一节中提到的音乐播放App是一个非常简单的虚拟例子，我们通过头脑风暴的方式很容易想到用户的一些常见需求。但如果遇到一个全新的、复杂的产品又该如何呢？这时通过头脑风暴恐怕已经难以应对了，大家需要更科学的方式。

在实际项目中，采集需求的主要方式有用户调研、竞品分析、用户反馈、产品数据等，如图5-5所示。这些方式都是产品经理和设计师需要密切关注的，下面我简单介绍一下。

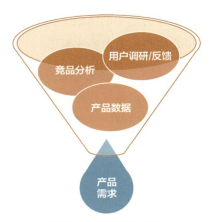

图 5-5   产品需求的来源

用户调研：通过问卷调查、用户访谈、信息采集等手段来挖掘需求。

要想真正了解用户的需求，就要尽量走到用户中去了解他们的想法，深入了解目标用户在真实使用场景下的感受、痛点、期望等。这个过程主要依靠用户调研来进行，一般由专业的用户研究员来完成。建议产品经理和其他设计师也能共同参与这一过程。

如果没有条件请专门的用户研究员，也可以由产品经理或设计师亲自探访、观察一些目标用户来代替专业的用户调研。

用户反馈：对于已经上线的产品，我们可能会收到很多用户反馈。这些反馈可以帮助公司了解用户使用产品时存在的问题。毕竟产品、设计人员都比较了解产品，很多现象已经习以为常，感觉不出来问题的存在，而用户一般是第一次使用。所以通过用户反馈，往往能发现很多之前没有注意到的问题。

如用户觉得网站不安全、不专业；找不到想要的内容；看不懂标题含义或理解成其他的意思；误把不能操作的当成可操作的，把可操作的当成不能操作的；等等。

竞品分析：找到有代表性的同类产品，对比产品之间的优势、劣势，从而发现产品的突破口。

在竞品分析的过程中，可以研究别人是怎么拟定产品战略、方向，怎么做用户体验的，怎么处理逻辑、界面层级、界面细节等。好的地方可以借鉴，不好的地方可以超越，竞品分析提供的内容也是重要的产品需求来源之一。

产品数据：产品上线后，就可以收集相关数据了。数据有很多种，如用户数据（性别、年龄、地域分布等）、业绩指标数据（销量、日活率、转化率等，不同公司关注的指标不同）、行为数据（访问浏览数据、浏览痕迹、点击痕迹、每个页面的浏览时长、整体的浏览顺序等）等。

想要获取关键数据信息，一方面可以询问数据分析师或产品经理，另一方面可以看产品是否接入了类似 TalkingData、友盟、GrowingIO 等第三方数据工具；对于比较详细的数据，如行为数据，在设计时要考虑到后期的数据收集需求，预先埋点。

建议平时就多培养数据意识，可以多参考一些公共调研机构出具的数据分析报告，如艾瑞资讯等在互联网行业里面做的数据分析报告，很多都非常有参考价值。

还可以试试百度指数等工具，它们可以告诉你目前的搜索热词、搜索热词对应的用户特征、各项数据指标等，非常实用，如图 5-6 所示。

收集到数据后，还要进行分析，挖掘数据背后潜在的意义。例如某天，某界面的某项数据指标突然急速下降；某充话费送冰激凌活动，70% 的用户没有领取奖品。面对这些出乎意料的现象，都需要分析其原因，当然必要时如能配合用户调研，效果会更好。

5.1.3　如何分析并筛选需求

通过用户调研、竞品分析、用户反馈、产品数据等需求采集方式，可以得到很多的备选需求。接下来，需要对它们进行分析并从中筛选出合适的需求。

分析并筛选需求的步骤

还记得 5.1.1 中音乐播放 App 的例子吗？通过头脑风暴产生了很多需求，然后通过产品定位来筛选需求。

当然实际情况要复杂得多。一方面，通过用户调研、竞品分析、用户反馈、产品数据等多样化的方式采集需求，可能导致需求质量难以把控，如不同需求间可能有冲突、对用户的理解可能有偏差、采集的需求不适合自己的产品等；另一方面，产品的资源是有限的，时间、人力成本、商业价值等因素都是需要考虑到的，这些都对需求起到制约作用。

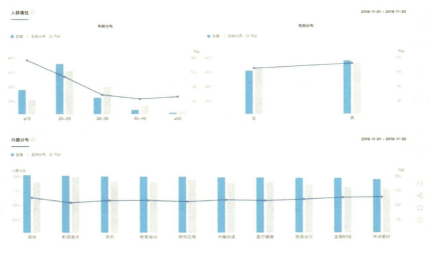

图 5-6　百度指数

那么到底该如何综合考虑这些因素，来分析采集好的需求呢？如果把需求比作一堆苹果，那么需求分析就是从这堆苹果中选择你需要的，这样比喻你就很容易知道该怎么思考了。

首先，没有人会考虑烂掉的、或者看起来不太正常的苹果，所以可以把它们先排除（筛掉明显不合理的需求）。接下来，你看到有红富士、黄元帅、国光苹果等丰富的品种，并且有大的也有小的，该怎么选择呢（挖掘用户目标）？这时理智要发挥作用了（匹配产品定位）：这次买苹果主要是为了看望生病的朋友，既然是送人，个头小肯定不太合适，太廉价了也不合适，会显得不讲究。你突然想起朋友好像说过喜欢吃红富士苹果，所以尽管你最喜欢国光苹果，你还是决定买大个的红富士苹果。但是到底买多少个呢？这时就要考虑苹果贵不贵，你是否带了这么多钱，你能不能拿得动等多种因素了（考虑项目资源）。最后你买了一袋子新鲜大个的红富士苹果，心满意足地付款走了。并且打算等看望完朋友，再给自己也买点国光苹果吃（定义优先级）。

在这个例子中，目标用户是自己，主要功能是看望生病的朋友，产品特色是大个新鲜。有了这个定位，可以很容易排除一些干扰因素，快速得出结论。从这个例子中，大家也可以看到，产品定义不是决定的唯一因素，还要考虑合理性、资源限制等问题。

因此，在处理需求时，大家可以遵循图 5-7 所示的流程。

图 5-7　如何把用户需求转化为产品需求

首先，可以筛掉明显不合理的需求，如当前技术不可能实现的或明显意义不大的、投入产出比低的需求等。

其次，要从现象看到本质，挖掘用户的真实需求，并考虑如何解决。例如做用户调研时，某用户说上班路上不怎么听音乐，这时假如你追问，他可能会说是因为操作麻烦。因此上班路上不需要听音乐只是表象，嫌麻烦才是真实需求，而设计师需要解决的是简化操作。

再次，要看挖掘出的用户真实需求是否匹配产品定位（目标用户、主要功能、产品特色等），由此来决定取舍；被选中的需求可根据匹配程度排列需求优先级。例如竞品网站的提示功能虽然很好，但是其目标用户和你的目标用户不完全一致，这个功能对你的用户意义没有那么大，但还是有些作用，因此优先级不高。

最后，要考虑需求的实现成本（人力、时间、资源等因素），以及收益（商业价值、用户价值等），来综合考虑是否将其纳入本阶段的需求库中，还是放到下一期执行。

当然，不同的人有不同"挑水果"的方式，筛选和处理需求也不止这一种顺序，只要能综合考虑到用户需求、产品定位、项目资源这些重要因素即可。

需求的产生

先确定产品定位，然后通过不同的方式收集大量需求，识别这些需求的有效性和真实性后，再根据产品定位和项目资源情况筛选、提炼出需求，并明确需求优先级。接下来就可以重点描述每个需求的逻辑、内容等，撰写详细的需求文档，如图 5-8 所示。

图 5-8　从产品定位到需求优先级

由于整个过程不仅涉及对用户的分析和理解，还包括了对产品定位、项目资源的考虑，所以在每个阶段都需要产品经理和设计师配合完成。也就是说，设计师并不一定要等到需求文档产生后才开始工作，而是在前期就可以主动配合产品经理进行各项工作，这样设计师更容易发挥专业能力，产品经理也能省去很多不必要的沟通和协调工作，并得到相对满意的成果。反之，如果在项目前期，设计师没有任何参与，而是接到需求文档后再开始设计，那就会十分被动，变成了"以需求文档为设计依据"（很可能是从商业或业务角度考虑）而非"以用户需求为设计依据"，这背离了设计的初衷，也让设计师的价值大大缩水。

5.1.4　了解需求文档

需求产生了，产品经理就可以撰写需求文档了。由于设计师已经参与了前面的需求分析工作，此时对产品情况、用户情况、设计方向已经有了一定的了解。需求文档对设计师来说，更像是一个约定好的产品功能清单，提醒设计师接下来要做什么。

这就好像在准备宴席前，需要提供给厨子一份详细的菜谱。但设计师不像厨子，他每次面对的都是全新的内容，所以不仅需要提供"菜谱"，还需要写清楚每个"菜"都是什么，需要什么"配料"，等等。当然前提是双方之前已经经过非常详细的沟通，彼此都明白对方的想法和期望。

需求文档不仅面向设计师，也面向团队中的开发和测试人员，是团队成员参考的重要依据。

需求文档应该包含什么内容

需求文档到底要写什么内容，这个很难一概而论，可以根据项目情况，选择最适合的文档格式。在常规情况下，需求文档应该包含前面提到的产品定位、需求内容、需求优先级等，以及关于需求的详细描述说明。下面是关于标准需求文档的内容示例。

文档修改与审核记录：需求文档如有修改，需要简要记录，如图5-9所示。

版本	修改日期	修改人员	修改内容提要	审核
V1.0	2012-02-01	张三	初稿	王经理
V1.1	2012-02-02	李四	根据评审意见修改	王经理
V1.2	2012-02-03	王五	社区部分细节完善	王经理

图 5-9　文档修改与审核记录示例

目录：如内容过多最好提供目录。

背景描述：为什么要做这个产品/模块、市场行情、业务目标等。

产品定位：主要功能、产品特色、目标用户（简单地描述目标用户情况，或现有使用群体的情况）等。虽然大部分需求文档里都不会出现这一项，但还是非常建议产品经理想清楚并写出来，因为它对团队成员理解产品需求起到了重要的作用。

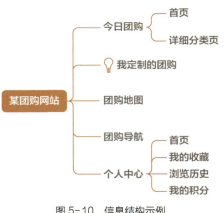

图 5-10　信息结构示例

项目时间安排：何时启动、何时完成等。

信息结构：这里可简单理解为内容或界面的层级，如图 5-10 所示。信息结构可以由设计师和产品经理配合完成，也可由产品经理独立完成，设计师做参考用。

整体业务流程说明：对于涉及操作较多的产品或功能，需要整体业务流程说明，帮助设计师和团队成员理解具体的业务逻辑。例如一个广告投放系统，当广告排期被占用时，用户是否可接受相关位置；如不接受，系统如何处理账户金额；等等。整体业务流程说明示例（部分）如图 5-11 所示。

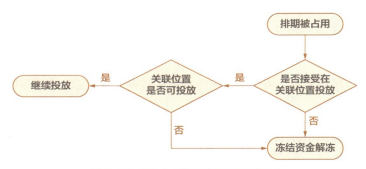

图 5-11　整体业务流程说明示例（部分）

需求详细说明：每一条需求的详细说明以及优先级。一份需求文档里会有若干条这样的说明，如图 5-12 所示。

需求文档的后续迭代

如同设计方案需要不断修改一样，需求文档也需要不断修正、迭代。

首先要认识到，需求文档不可能一次到位。谁也不能保证一次把所有的问题想清楚。一般来说，在完成需求文档后需要进行需求评审，评审时主要看需求有没有明显的漏洞、不合理的地方，在技术上有没有实现难度，能不能按期完成等。评审过后产品经理会根据大家的意见重新修改需求文档。文档迭代 3 次以上是很正常的现象。

场景说明	2G情况下用户浏览电影海报速度慢
UI描述	后台功能无需要UI
功能描述	后台检测网络环境，非3G及Wi-Fi情况下，请求低质量海报
优先级	高
输入/前置条件	检测到用户网络环境非3G及Wi-Fi
处理流程	海报请求切换至低质量小文件版本
输出/后置条件	响应用户请求，读取低质量图包
补充说明	无

图 5-12　需求详细说明示例（部分）

另外，有一些较细节的场景在需求阶段不容易提前想到，可能要到具体设计阶段才会暴露出来，这时还需要经过讨论酌情修改需求。有的产品经理为了方便大家理解并避免后续不必要的纠结，会在需求文档中增加一些 UI 示意图。设计师可以把它们作为参考，但不要过多地受其影响。

最后一点要注意的是，设计师不要不经思考，完全按照需求文档来做设计。产品经理的考虑角度和设计师不可能完全一样：需求文档更多的要体现业务、产品要求、功能逻辑等；而设计师需要更多地考虑目标用户的特征、使用场景、痛点等。这些信息综合起来，才是设计的主要依据。如果设计师参与了之前的产品定位、需求采集与分析过程，就会对用户的情况比较了解。

因此专业的设计师产出的设计结果一般都会和需求文档提供的内容不太一样，包括信息结构、任务流程、内容、界面形式等。只要经过有效的沟通，产品经理一般都是可以接受这种结果的。这相当于是在设计阶段对需求文档进行了迭代。产品经理可以在设计完成后再修正需求文档，也可以让设计师把相应的修改部分标注在设计原型稿上，这样开发人员只看设计原型稿就可以了。

5.2 倾听用户的声音

设计师倾向于站在用户的角度考虑问题，因此在需求分析、设计阶段，都要尽量去倾听用户的声音，这样才有可能设计出受用户欢迎的产品。

5.2.1 拥抱用户

把自己当作目标用户，去揣摩用户的心思是远远不够的；设计师还要真正走到用户当中去，了解用户的情况。目标用户是什么样的？他们在使用产品时一般都处在什么情境下？他们要完成什么任务？他们期待达到什么效果？他们对竞品是怎么看的？

在这个过程中，经常会有意想不到的发现：原来这个功能还能这么用；以为这个按钮看上去很明显，但是用户居然找不到；原来用户是这么理解这个功能的，这和当初的设想完全不一样……

很多优秀的演员都有一个习惯：亲自去一线体验角色生活。例如演农民，就去农村体验生活；演外企白领，就去外企体验工作环境；要说四川话，就跑去四川，一点一滴学习四川话。总之扮演什么角色，就想方设法去体验这个角色的生活，捕捉角色的神韵。产品经理和设计师也一样，跟目标用户打成一片，并融入这个角色，才能深刻体会用户的真实需求。

建立用户画像

产品不可能满足所有用户的需要，因此在大家决定走到用户中去时首先要明确：谁才是目标用户。而用户画像，就是对目标用户的具象化表达。

交互设计之父艾伦·库柏（Alan Cooper）认为，用户画像是真实用户的虚拟代表，是建立在一系列真实数据之上的目标用户模型。需要从大量用户数据中提炼出共性特征，并具象成一个真实的用户形象，让公司内产品、设计、运营等角色都可以直观地感受到，他们服务的是一群怎样的人，让他们建立起对目标用户的同理心。

有的产品经理和设计师还会把用户画像虚拟成具体的人物，并将其制作成卡片贴在自己的办公桌上，时刻提醒自己："这才是我的目标用户，我做需求、设计决策时要围绕他来考虑：他的使用场景、使用目标是什么？我们希望他如何使用我们的产品，以实现产品的商业价值？"

了解目标用户有很多种方法，有条件的话可以做专业的"用户调研"，即通过问卷调查、访谈、焦点小组等方式来研究用户；没条件的话可以寻找身边符合条件的目标用户，观察他们的使用行为、询问他们的使用感受、痛点及期望等。

用户画像应该包含什么要素

人口学属性：是用户最基础的信息，是构成用户画像的基本框架，可以包含姓名、性别、年龄、籍贯等自然属性。这类特征，一般可以通过注册时录入的信息，或是问卷调研得出。

社会属性：是后天形成的，包含用户的学历、婚姻状况、职业、收入水平、生活状态、兴趣爱好、是否有小孩、是否有车房、常活跃地区等。这类数据可以通过问卷调研获得，也可以通过后台或相关数据推测。例如根据金融类产品的后台数据可以推测出用户的收入水平、还款能力和征信情况；购物类产品也可以根据用户的购买品类推测其是否有孩子。

用户行为数据：对于已经上线的产品来说，可以通过收集线上数据，来得到更精准的用户行为。如果说人口学属性和社会属性是用户画像的标配，那么用户行为数据则需要根据不同类型的产品来特别定制。用户行为数据是用户在使用产品时最真实的反馈，新闻资讯类产品可以根据用户查看的文章类型，来统计出不同用户的内容偏好，根据使用时长来统计用户的活跃度；交易类产品可以根据浏览和购买记录推测出用户是宅男还是辣妈、消费档次如何，以及对价格的敏感程度；出行类产品可以根据用户常用的起终点推测用户是上班族、学生，还是商务差旅人士……总之，对于不同类型产品，会有不同的用户行为数据收集倾向。

当你通过用户调研或统计后台数据的方式，收集到以上资料后，就可以制作用户画像了。你需要将这些用户数据和标签具象化，以最贴近生活、容易理解的话语，将目标用户具象成一个活生生的、大家可以感受和理解的人。可以选取一张比较贴近用户画像的真实照片，让大家可以直观地看出用户是谁。用户画像示例（定量定性结合）如图 5-13 所示。

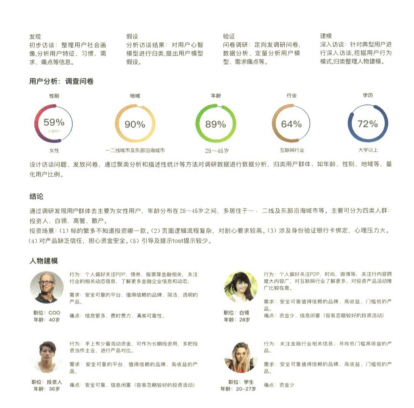

图5-13　用户画像示例（定量定性结合）

这种生动的信息呈现方式，可以帮助团队里不同的成员更加准确地理解用户，建立统一的用户认知；可以让设计师抛开个人主观评判，关注目标用户的动机和行为并以此进行产品设计。建立一个有效真实的用户画像，对精准运营、产品功能设计、品牌设计、体验设计等都是非常重要的。

但不是所有的产品经理都有做用户调研的意识，也不是所有公司都有专门的用户研究员，设计师可以自己做一些简单的调研，并向产品经理强调这样做的好处，唤醒产品经理的意识。

相比简单的头脑风暴，这种方式可以更科学地得到真实的用户需求，帮助进一步决策。但使用这种方式并不那么容易，对产品经理和设计师都有更高的专业要求，否则很容易得到错误的结果。

5.2.2　别被用户牵着走

"用户 A 说他需要使用快捷键，这样用起来很方便，但是我们的产品没有这个功能。"

"用户 B 说我们的 App 还不错，内容很好，但是更新速度比 ×× App 慢。"

"用户 C 说他在使用计算机时一定会用到 ×× 功能，但是我们的客户端上没有这个功能，如果有了一定会更好。"

……

在了解目标用户的过程中，会记录很多想法和意见；另外在产品发布后，也会收到很多用户的反馈。当大家整理这些用户的想法时，就会发现这样的问题：这么多的用户，每个人的意见都要采纳吗？在 5.1.3 中，我已经介绍了"选苹果法"的基本筛选框架来帮助你分析并筛选需求。但实际情况要复杂得多，尤其是面对用户反馈时可能会遇到很多意想不到的"坑"，毕竟人是复杂难测的。用户提出的想法、意见可能并不是他真正想要的或是你需要的。大致有以下几种情况。

用户心口不一：用户说的是 A，实际想的是 B，做的可能又是 C。

有这么一个测试：一群被测用户在接受访问时，纷纷表示自己更喜欢黄色的产品。测试结束后，主持人让参加测试的用户从各种颜色的产品中选择一个，作为对大家的酬谢。结果出乎意料，大部分人都选择了黑色的产品。

并不是人们在故意说谎，而是人本身就是复杂的生物，人的思考和决策会受到多种因素的影响。有的人可能听到别人说喜欢黄色的产品自己就跟着说黄色的产品；有的人想象自己应该会喜欢黄色的产品，可是在真正决策时发现自己喜欢黑色的产品；还有的人可能是猜测主持人或其他人希望自己选择黄色的产品，所以说自己喜欢黄色的产品，但真正可以自己做选择时，其思考角度发生了改变……

用户只说出了表面需求：用户不一定能意识到自己更深层次的需求。所以大家看用户的意见或反馈时，不能只看表面内容，而是要深究他内心的真实需求。

例如用户说"我想要馒头",其实他的真实需求(目标)可能是"我饿了,我需要吃东西"。这时假如你只看到了他的表面需求,那么当你没有馒头时就会直接拒绝他,导致用户很扫兴。但如果你意识到了他的真实需求,就会问他:"我没有馒头,但是我有肉包子,你需要吗?"用户有可能也会接受,甚至更满意。

又例如用户反馈说客户端上的虚拟键盘太小了,希望能提供放大键盘的设置。用户为什么会提这个要求呢?因为他总是点不准,经常误操作。所以其实要解决的是用户误点击的问题,而不是解决键盘大小的问题(毕竟手机的面积有限)。可以考虑多种方案,如点击瞬间出现一个放大效果或者增加键盘的有效触摸面积等。

提意见的用户不是目标用户:如果用户不是你的目标用户,那么他的话听起来再有道理,对你的参考价值也不大。

例如你开的糖果店里突然出现一个醉醺醺的男子,大叫大嚷:"为什么你们不卖酒,商店里连酒都没有还叫什么商店?我要喝酒,不然以后我再也不来你们这儿了。"这样的意见当然不必理会,因为很明显该用户不是你的目标用户。

又例如某杀毒类产品面向的主要目标用户是二、三线城市的打工族,他们普遍文化程度较低、不懂得具体的计算机操作知识。这时如果有用户提出需要设置快捷键等高级操作的要求,就可以不予理会,因为这种高级用户不是目标用户。但如果提这类需求的用户很多,就值得思考了:是功能或界面设计得过于复杂,没有吸引原定的目标用户,反而吸引了很多高级用户,还是产品的目标用户定位有问题等。

用户提出的意见不具代表性:用户的要求可能是极其个性化的,甚至是不合乎常理的,这就需要设计师判断和思考,重新审视用户意见的合理性以及普适性。

例如有的用户可能会希望你开发一个听起来很荒诞的功能,最后你发现使用这个功能的人是个位数;还有的用户完全是出于个人喜好提出意见,如希望你把白色背景改成绿色,因为他喜欢绿色。

用户提出的意见不匹配现有场景:用户在提各种问题反馈时,未必会考虑到不同的使用场景,很可能只是根据他当时的使用场景来看的。所以设计师需要考虑用户提出的这个问题一般发生在什么场景,合乎实际的使用情况吗?

例如某用户反馈，希望在客户端上增加复杂的分析图表，因为他在计算机上经常使用这个功能。但这种复杂的功能并不适用于手机客户端：一是因为手机屏幕小，放不下这么大的分析图表，阅读起来非常不方便；二是因为手机的使用场景决定了它更偏向于休闲娱乐，或是处理比较简单的工作，用户一般不会在手机上使用非常复杂的功能。

用户提出的意见很难实现：即使用户的意见看上去很合理，但是否要立刻采纳，也需要看项目的实际运作情况。在产品生命周期的每个阶段，设计师都需要处理很多需求，开发很多功能，这就需要给这些功能排列优先级。如果某功能实现起来成本过高而收益甚小，就有可能被延后执行。毕竟产品经理和设计师不仅要考虑用户体验，还要在项目中平衡商业价值与用户需求。

综上所述，设计师既需要通过调研、观察、询问、记录意见等方式了解用户想法，同时又要避免不经思考，完全照搬用户的意见来设计产品。因为用户的意见并不一定是真正的用户需求，设计师需要先去识别。只有目标用户在合理场景下的真实需求 / 目标才是用户需求。

5.3　设计师的逆袭

前面提到的，其实都还是比较理想的流程。在实际情况中，理想的情况也许并不存在。也许有时没有产品定位、需求分析，甚至连需求文档都没有，更别提产品经理和设计师一起讨论需求了。所有的决定可能都是草率的，甚至为了短期利益，要求设计为商业让路，为了赶进度直接照抄竞品……

于是很多设计师会抱怨：讲那些道理都没用，领导让你做什么你就得做什么。产品经理就是一意孤行，就是不把你当回事，每次都自己决定好一切了再来找你，又给你很少的时间，又不听你的意见……

设计师确实处在一个比较被动的地位，所以就更应该主动出击，主动和产品经理沟通交流，让他意识到你对产品的热爱、对工作的主动，这样他也就更愿意和你交流。如果设计师只是每天被动地等待，那时间长了可能就真的成了"怨妇"了。

在这里告诉大家一个诀窍：搬到产品经理的座位旁边去吧，距离既产生美，也产生隔阂和麻烦。如果能及时关注产品经理的动态，抓住机会和他探讨，你会发现你的存在感和价值感是可以不断提升的。

总之，通过扎实的基本功和良好的心态、积极的行为，大家完全有可能在逆境中调整自我，坚持不懈地通往成功之路。

5.3.1　如何面对强势的产品经理

商业价值和用户需求

领导对产品经理说："这个地方就这么做，在这里添加一个入口。"

产品经理对设计师说："领导说要在这里添加一个入口。"

设计师："……"

很多设计师都会遇到这种情况：领导要求这么做，产品经理只负责传话，设计师没有一点辩驳的机会，只能照做。这时其实最重要的还是摆正心态，换位思考，而不是一味抱怨。

我自己就是这样一路走过来的，当领导要求我必须怎样做事情时，我会先考虑背后的原因是什么，如果有合适机会也会当面请教。这个过程让我受益良多，一方面锻炼了自己的心态，另一方面也能换一种角度去看问题。如果总是从领导的角度想问题，自己的视野又怎么能低得了呢？

当然，即使这样，也免不了会遇到一些确实不够专业的合作伙伴，这时应该怎么办呢？首先需要知道正确的做法是怎样的，如果有合适的机会可以正面引导对方，并诚恳地提出建议。如果实在没有办法解决，那就不断完善自己，潜移默化地影响对方。最怕的就是把错误的做法当成常态，误以为这就是正规流程，或者每天自怨自艾，这样是无法让自己成长的。

下面我就分别介绍一下"不靠谱"的产品经理和"不靠谱"的设计师，大家可以以此为镜，观察一下自己是否有提升的空间。当然这里绝无讽刺、贬义或指责，大家也不需要对号入座，仅作为参考就好。我自己也经常犯错，并喜欢用这些话来警醒自己。如有得罪还请各位同行宽宏大量。

不靠谱的产品经理什么样

产品经理："这个地方所有竞品都是这么做的，为了保险起见，我们的产品和竞品一样就可以了。"

设计师："可是这里的用户体验并不好啊，文案还有歧义。"

产品经理："没关系，竞品都是这样的，用户能明白的。"

设计师："……"

如果让设计师来倾诉工作中遇到的各种"奇葩"产品经理，那恐怕是三天三夜都说不完的。我们在与其他公司的同行交流时，发现大家遇到的情况也都差不多。大家最不喜欢的产品经理的行为主要有以下几种。

需求变动多：需求不靠谱、没有想清楚，总是改来改去。

需求有变动其实是比较正常的，但有些产品经理经验有限又太过于追求完美，总是在设计师或开发人员加班加点地完成后，又推翻原先的想法，让团队成员叫苦不迭。

还有的产品经理不写需求文档，或需求文档粗糙不堪，缺乏基本的功能点与描述，让团队成员难以进行后续工作，却反复催促时间进度，严重影响工作效率和质量。

过于主观：在设计方面提过多主观意见，干扰设计师的工作。

产品经理应该学会信任团队，让专业的人做专业的事情。如果需要改动，尽量从专业角度出发。例如，这里是要突出的重点，希望在界面上强调一下；这里的视觉元素对文案有干扰，希望能弱化一下；这里的内容有歧义，用户难以理解；这个地方的设计和业务逻辑有冲突……

但有的产品经理可能会这样要求设计师：这条线上调 1 像素，这个颜色换成和那个网站一样的蓝色，这里加个小鸟元素……设计师的思绪完全被打乱，难以做出令人满意的设计。

过于关注细节：产品经理应该关注细节，但不要过于纠结细节。

我遇到过不少产品经理，他们对产品方向、定位没什么概念，却喜欢琢磨着绘制线框图或摆弄 UI 元素，并在这上面耗费过多时间。

产品经理一定要先有大局意识，再去关注细节，同时要考虑好项目时间规划，不要在细节处耽误过多的时间，影响整体的项目进度。

不能合理安排时间：工作拖沓、效率低，给别人安排的时间却非常紧凑。

有的产品经理不能认真、高效地完成自己分内的工作，却把设计师、开发人员的时间安排得紧紧张张，导致员工加班不说，还影响团队成员的积极性。

不负责任：不够热爱产品，对工作敷衍了事。

工作中确实遇到过不少这样的产品经理，不热爱产品，只是应付差事而已。有的产品经理完全就是一个传话筒，几乎没有自己的思想；或是永远保险起见，让设计师"借鉴"竞品。这样不仅做不出好产品，也难以留住团队中优秀的人才。

过于强调自己的主导地位：产品经理是一个职位名称，而不是一个行政头衔，其与团队成员只是组织和合作的关系。产品经理应该意识到这种平等协作的关系，而不是把自己当作甲方，对其他人呼来喝去，否则难以组织好一个优秀的团队。

其实不管做什么职业，做人是第一位的。学会尊重别人，别人才会更好的配合你工作。以上这些是很多设计师都会遇到的问题，但是如果我们参加产品经理的聚会，让产品经理来倾诉的话，会发现他们对设计师也会有很多意见。

所以设计师如果想成功逆袭，对抗不靠谱的产品经理，必须先改正自身的问题，逐步完善自己。

不靠谱的设计师什么样

画面一

用户研究员："这个地方我们使用的是聚类分析的方式，最后得出了这样的结果。还有这些是问卷调查得出的数据，我跟大家分享一下。"

产品经理："我不关心你使用什么方式，我想知道这些数据和我的产品有什么关系？它们能说明什么问题？"

画面二

交互设计师："你这个地方怎么能放推广位呢？太影响用户体验了。"

产品经理："我们也有业绩压力啊，得先想办法让产品'活'下去啊。"

画面三

视觉设计师："今年流行这种唯美小清新的风格，还有这种色调，在年轻人中很受欢迎。"

产品经理："可这是一个促销界面，目标用户是30～40岁的群体啊。"

上述这些画面大家应该不会陌生，这里面反映出以下几种典型的问题。

不懂得平衡：设计师需要学会兼顾商业利益和用户体验。

定位局限：把自己局限在专业范围之内，没有考虑业务线的需要，缺乏产品意识。

例如用户研究员一般会根据分析结果给产品经理提供一些建议，但因为用户研究员可能缺乏产品、运营、推广方面的相关知识，对产品又不够了解，提出的建议可能不可行或者让产品经理觉得很幼稚。

交互设计师可能会过于重视用户的操作习惯、用户体验等，完全忽略了产品的业务要求和商业利益。

视觉设计师可能过于重视视觉表现和流行趋势，没有考虑到如何通过视觉元素来对用户进行有效的视觉、操作引导，以及如何突出产品想表现的关键元素。

下面来观察一个例子，如图5-14所示。

这两版电影票活动头图，上图虽然给人清新活力的感觉，但内容比较凌乱，难以一眼识别主题；下图则比较清晰，突出了最主要的标题、活动按钮，其余内容则虚化处理，很好地体现出了设计师的产品意识和对用户的理解。

抱怨多、建设性意见少：对业务质疑、抱怨多，却很少去想怎么解决问题。

图 5-14　两版电影票活动头图

视野狭窄： 只懂得专业领域的知识，难以和其他角色沟通及合作。

用户体验设计其实和产品设计一样，都属于复合型学科。设计师光懂得自己专业方面的知识是远远不够的。例如作为一名用户体验设计师（用研／交互设计师／视觉设计师，假设这里是视觉设计师），除了有一技之长之外，还应该懂用研及交互方面的基本知识，能独立做一些简单的调研工作并转化成界面，这样才能确保理解产品所要传达的理念，并通过界面传达给用户。

当然这些还不够，无论是用研、交互设计师，还是视觉设计师，不仅要懂用户，还要学会站在产品的角度想问题。平时也要注意学习产品方面的知识，这样才能和产品经理站在同等的高度沟通。

专业技能不佳： 缺乏基本审美、体验意识差、经验欠缺等。

以上这些问题是很多设计师身上都存在的，只有先改进了自己的问题，成为一名优秀的设计师，大家才可能在遇到不靠谱的产品经理时，发挥出更强大的力量。

5.3.2 拒绝不靠谱的需求文档

设计师 A："这个产品经理从来不写需求文档，要么直接让我看竞品，要么线框图绘制得差不多了就扔给我。"

设计师 B："产品经理的需求文档太粗糙了，有一次竟然给我一个 txt 文档，里面就 4 句话。"

设计师 C："产品经理的需求文档还是挺详细的，但是不能直接用，有些地方还是欠考虑，不符合用户的实际情况。"

需求文档严重不规范是互联网行业的一个通病，面对"短、平、快"的产品设计要求，需求文档的存在似乎显得刻板而过时。

据我所知，很多产品经理也是比较不喜欢写需求文档的，一方面是觉得浪费时间，另一方面是觉得枯燥乏味，没有直接绘制线框图来得有意思。甚至很多领导也不太支持写需求文档的行为，觉得增加了一个不必要的环节。另外很多产品经理平时要处理各种沟通、协调问题，每天杂务成堆，确实也没有整块儿的时间去写需求文档。有的产品经理不要说写需求文档了，甚至连思考产品定位、产品方向的时间或机会都没有。

那么是不是产品经理就可以不写需求文档了呢？

有没有必要写需求文档

当产品规模小、团队成员少时，没有需求文档不会出现太大的问题，项目依然可以灵活、顺利地进行；但当产品规模不断扩大、团队成员不断增加时，缺乏需求文档的弊端就会渐渐显现出来。例如当人员流动时，工作难以交接清楚，因为功能的历史信息均没有记录；当系统越来越庞大时，谁也无法描述清楚底层的完整业务逻辑，更新维护的成本极高；工作流程十分混乱；团队内部沟通不畅、效率低下……

小型团队中虽然不需要详尽的需求文档，但产品定位、需求优先级等总是要有的，只是不限制文档格式，普通列表也可以，只要方便团队成员理解、沟通即可。

所以，作为产品经理，应该养成写需求文档的好习惯。

首先，需求文档可以有效地帮助产品经理理清产品功能、内容、业务逻辑等整体信息。如果跳过这一步，过早地陷入界面细节很可能会错过更重要的方向及底层逻辑，给后续环节造成灾难性的后果。

其次，需求文档大大地方便了团队成员的沟通，让团队成员在项目前期迅速准确、全面地了解你的想法，而仅靠简单的沟通则很难遍历所有的需求点，且面对多人协作时效率很低。需求文档也规范了项目的具体内容，不会出现"越跑越偏"的情况，增强了对项目的把控力。

再次，需求文档可以帮助其他团队成员有针对性地提出问题，让他们不会感到困惑和无所适从，也提升了工作效率。

最后，需求文档不仅有利于项目的持续发展，还能促进自身能力、专业性的提升。就像设计师要产出设计原型及界面、开发工程师要产出代码一样，需求文档就是产品经理的重要产出物。很难想象不会设计原型及界面的设计师、不会写代码的开发工程师，能称得上专业。有些产品经理自认为很有才华，不屑于"因循守旧""墨守成规"，须知再才华横溢、满腹经纶的人，也需要脚踏实地，才能得到团队的认可。

在具备一定规模的团队中，产品经理不仅需要提供需求文档，还应该不断地与团队成员沟通，前期沟通主要传递想法，中期沟通解决不断发现的问题、迭代需求，后期沟通确认问题是否得到解决。

没有需求文档或需求文档不标准怎么办

如果产品经理不写需求文档或需求文档不标准，设计师应首先给予充分的理解，并促进他解决这个问题。

如果是面对一个较大的项目或比较复杂的需求，且团队人数较多，则需求文档应该保证一定的规范性。很多公司都有通用的需求文档模板，以保障形式和内容上的统一。这样既不容易遗漏重要的内容，也让需求文档看起来更专业，同时统一的形式也降低了团队成员的理解成本。

如果产品经理提供的需求文档不够标准，设计师应该提醒产品经理进行修改。一来如果需求文档不合格，设计师难以进行后续的设计任务；二来没有需求文档这个依据，产品经理可以在设计环节随意更改想法，导致设计师非常被动。所以设计师必须做到心中有数，清楚需求文档中应该包含什么内容，内容不全时应要求产品经理补全。如果产品经理确实没有时间补全，也要自己想办法把这些内容搞明白，并和产品经理确认清楚，否则后面的设计工作难以顺利进行。

如果是一些比较小的功能点，设计师可以灵活处理：总结自己在项目中需要知道和了解的问题，列出一份清单，请产品经理回答。相信每个产品经理都不会拒绝为大家回答问题吧。如果觉得对方回答得不清楚，可以继续细化问题，直至他回答清楚。

也就是说，即使设计师不需要亲自写需求文档，也需要清楚需求文档里需要有哪些和自己工作有关的内容。这样才能更好地协同工作。

辨别需求文档的内容是否合理

从"5.1.4 了解需求文档"中，大家知道需求文档不可能一次到位，即使采用合理的流程，需求文档也会经过正常的迭代。

如果设计师并没有和产品经理一同参与前期的需求分析过程，而是直接拿到了需求文档（这也是最常见的情况），那么就需要注意了。需求文档中的业务逻辑、产品要求、资源限制等是设计师必须要正确理解的内容；而与设计有关的信息结构、任务流程、功能说明、界面描述等，设计师可以作为参考，但不必严格遵从，避免限制自己的发挥。

之所以建议设计师不必完全遵循需求文档做设计，是因为产品经理也是人，也可能也会犯普通用户犯的错误。例如有的产品经理设计的需求并不是用户的真实需求；没有正确理解用户的意图；把自己当作目标用户，提出的需求过于主观化；设计的需求明显不合乎常理；等等。

所以设计师需要重新考虑正确的需求（在 5.3.3 中会有更具体的说明），在设计过程中要与产品经理保持密切沟通，双方不断地达成一致；而不是仅把需求文档作为设计指南来对待。

如果设计师收到的不是需求文档，而是产品经理绘制的一系列精致的线框图，也不要感到无奈。设计师可以通过这些线框图去理解产品的本质需求、业务逻辑，再和产品经理沟通确认他的想法，然后彻底忘掉这些线框图，再重新去设计；而不是在原有基础上做简单修改。

如果产品经理直接要求设计师照抄竞品，设计师也可采用同样的方式，从竞品界面去理解业务、需求，再重新设计（具体请看 5.3.4 中的内容）。

5.3.3　从"功能需求"到"设计目标"

产品经理："我们要上一个团体险种，需要增加编辑用户信息功能。这是需求文档，你先看看吧。"

设计师："为什么这里有编辑功能却没有导入功能呢？直接导入不是更方便吗？这里的数据量可是非常大的。用户不太可能在这里逐条编辑。"

产品经理："嗯，你说的有道理。我当时看竞品有编辑功能，就直接列上了。"

残酷的现实要求设计师学会走"弯路"

在理想情况下，设计师可以在接到需求文档后立即开始设计工作。因为通过前期和产品经理共同确定产品定位、进行需求分析等工作，设计师对用户、产品需求都有了深刻的了解。

但在多数情况下，设计师很可能没有机会和产品经理进行前期的工作。一来双方可能都没有这样的意识、能力与信任感（双方最好有一定合作基础，能够默契配合）；二来时间紧急是永远的借口；三来上层的压力决定了无论是产品经理，还是设计师，可能都没有太大的决策权。

在实际工作中，设计师往往最先接触到的是需求文档，甚至只是几句口头的交代。为了避免"错误的开始"导致"错误的过程"和"错误的结束"，设计师需要适当地走些"弯路"，以避免因为前期流程的不完善而导致的后续错误决策。

下面给出了一个理想的需求分析过程和一个现实的需求分析过程，如图 5-15 所示。

图 5-15　理想的需求分析过程和现实的需求分析过程

　　如果产品经理没有经过前期充分的思考和规划，以及必要的调研分析，那么撰写的需求文档很可能还有上升空间。很可惜，很多设计师盲目按照需求文档的要求做设计，结果可想而知。即使需求文档无懈可击，如果设计师在前期没有参与或参与不够，也会很难理解产品经理的要求以及用户的需求，最后很难做出优秀的设计。就好像演员拿到了优质剧本，却没有提前做任何功课，那么经验再丰富也难以表现出彩。

　　有条件的话，设计师不妨参考需求文档，同时结合用户调研、竞品分析、用户反馈、产品数据等归纳需求，并根据用户的真实需求确定相应的设计目标，以设计目标为导向发散解决方案（包括功能、内容），然后再跟产品经理讨论解决方案是否可行，并共同定义优先级。如果产品经理有时间，也可以邀请他共同完成这个过程。

　　这样做，设计师就可以由被动变为主动，既帮助用户发声，也更好地发挥个人能力。但即使这样，效果也很难达到理想程度。跨过了"产品定位"这一最重要的步骤，后面再怎么努力也只能是在原有基础上尽量提升操作、感官体验，产品依然难以在市场中"脱颖而出"。例如在音乐播放 App 那个例子中，音质清晰、更新速度快是产品的一个重要需求，但这是设计师很难通过设计来实现的。

这就好像没有事先探测好打井的位置就盲目打井，即使设备再先进，打得再深，也不见得能找到水源。

但作为一名设计师，虽无法改变源头，却可以改变自己，在一次次的项目实战中提升自己的设计能力。有朝一日碰到好的项目机会，设计师的作用就会极大地发挥出来。

如何寻找设计目标

这里我就举一个简单又实际的例子来说明常规情况下，设计师在拿到需求文档后应该怎么做。

假设现在要对一款摄影 App 做优化，产品经理给你的需求文档包含以下几点功能要求：

- 增加滤镜种类。

- 增加批量修改照片的功能。

- 增加自定义调节功能。

- 为同一款滤镜增加不同强度。

- 增加滤镜叠加功能。

在这次优化任务中，产品经理要求增加一系列功能，这些要求可能来源于竞品，可能来源于用户的要求，但这些真的是用户的真实需求吗？做了这些就可以在同类产品中更有竞争力吗？由于之前设计师并没有介入，产品经理也没有真正地接触用户，因此这些功能更偏向于产品经理个人的主观判断。

现在设计师先不要急着去做设计，而是可以思考以下问题。既然是做优化，说明已经有一定的用户基础了，那是不是可以先查看一下目前用户的评论和反馈？是不是可以观察身边的人如何使用？可以做一些简单的访谈和测试，看看用户在使用过程中有什么痛点？

以下是较有代表性的用户意见。

- 选择滤镜时总是很纠结，找不到自己喜欢的滤镜。

- 同一款滤镜可不可以分为不同强度，如轻度、中度、重度。

- 希望增加滤镜种类。

- 想为同一组照片加相同的滤镜，却很难找到上一次使用的滤镜。

- 希望增加自定义调节功能，可以分别调节照片的亮度、饱和度、对比度。

- 两款滤镜可不可以叠加。

通过对以上意见进行简单分析后可以发现：产品已经提供了 12 款滤镜，但用户还是找不到喜欢的，说明滤镜的品质可能欠佳；用户希望增加滤境种类，可能是由于滤镜的差异化不大，品质一般，难以满足用户的需要；用户很难找到上次使用的滤镜，可能是因为滤镜的差异化不大；用户希望能自定义调节、同一款滤镜有不同强度，滤镜能叠加，这些都是用户对滤镜个性化的需求。如图 5-16 所示。

反馈的用户意见	提炼的用户真实需求
● 选择滤镜时总是很纠结，找不到自己喜欢的滤镜 ● 希望增加滤镜种类 ● 想为同一组照片加相同的滤镜，却很难找到上一次使用的滤镜	● 增强各个滤镜间的差异化和提升滤镜的品质
● 同一款滤镜可不可以分为不同强度，如轻度、中度、重度 ● 希望增加自定义调节功能，可以分别调节照片的亮度、饱和度、对比度 ● 两款滤镜可不可以叠加	● 增加可以个性化修改照片的功能

图 5-16　从用户意见提炼用户真实需求

对竞品也做了简单分析，并查看了用户对竞品的评价，询问了身边用户对竞品的意见，最后发现如下内容。

- 大部分竞品提供了个性化修改照片的方式。

- 用户更乐于分享个性化修改过的照片，因为能体现出自己的风格。

● 用户会使用竞品 A 美化照片，再使用竞品 B 分享给好友，因为竞品 A 的滤镜效果非常有质感，但是竞品 A 没有分享功能。

……

从简单的竞品分析中可以得出结论：用户需要更个性化、品质更高的滤镜，并且应该突出分享功能。

综上，最终得到了 4 个设计目标：提升滤镜品质、增强滤镜间的差异化、增加个性化修改照片的功能、突出分享功能。

需要说明一下，这里的"设计目标"主要是用于帮助大家聚焦到具体的方向上，在设计上能够有的放矢。有的人说"目标"必须是具体数字，否则应该叫"方向"。我没有那么讲究，所以还是习惯性地叫"设计目标"。如果你的公司有具体要求，那就根据情况改变用词即可。

根据设计目标重新定义需求

通过和产品经理一起讨论、整理思路，最终大家一致认为：对用户来说，滤镜的品质是第 1 位的，品质不好差异再明显也没有用；其次是滤镜的差异化，让用户容易找到自己喜欢的滤镜；至于个性化功能，排在第 3 位，因为使用这类功能的用户专业度较高，人数也相对少些；最后是突出分享功能，因为只有前面做好了，用户才愿意分享。

综合前面的所有观点，得到如下设计目标，以及对应的设计需求，如图 5-17 所示。

设计目标	设计需求
● 提升滤镜的品质	考虑受用户喜爱的滤镜种类，改进现有滤镜
● 增强各个滤镜间的差异化	去掉一些不受欢迎、差异化不大的滤镜；增加高品质、有特点的滤镜
● 增加个性化修改照片的功能	增加自定义调节功能；为同一款滤镜增加不同强度；增加滤镜叠加功能等
● 突出分享功能	在用户确定完成对照片的修改后立即提示用户是否分享

图 5-17   根据设计目标考虑设计需求

确定设计需求之后，设计师就可以开始后续的设计工作了，而这也是设计师参与最多的阶段。具体内容请看"第 6 章设计规划——从需求到设计草图"。

5.3.4 如何"抄袭"竞品

产品经理:"我们要做××功能,类似某网站的××部分,希望你能帮忙设计一下。"

设计师:"好的,这个功能还挺复杂的呢,我想先看看需求文档。"

产品经理:"功能和某网站的××部分是一模一样的,人家做什么我们就做什么,业务逻辑都一样的,不需要我出需求文档了吧。一定要写的话也是各种截图而已。"

设计师:"……"

在"抄袭"中寻求创新

产品经理和设计师无法在前期配合也许还可以理解,但有时产品经理可能连需求文档都没有,直接让设计师"抄袭"竞品,设计师除了仰天长叹,还能做什么呢?

"抄袭"是一个让设计师备感尴尬,但却不得不面对的词汇。没有一个设计师愿意"抄袭",但很多时候又不得不违背自己的意愿,或是早已习惯如此。

从公司战略考虑,为了布局,经常需要做一些和竞品类似的项目。刚开始工作时,每次听到"抄袭"这个词就很难受,觉得这是对设计师的不尊重、是对设计的亵渎。但是慢慢我明白了,毕竟公司做产品主要考虑的是商业利益,而不是设计创作。我也会不停开导自己:大家所说的"抄袭"并不一定是让设计师完全拷贝对方的界面,而是希望最后的结果不比竞品差。最后我也发现,只要是真的用心设计,做得比竞品更好,即使最后的结果和竞品不一样,大家也是乐意接受的。

当然过程中会遇到很多阻碍和挫折,也会让很多人不理解,觉得你怎么这么固执,做事情怎么这么磨蹭,明明可以简单抄抄了事,非要自己瞎折腾。但是最后事实证明,这些付出和坚持都是有意义的,在这个过程中,我的能力得到了很大的提升;而那些在领导一说"抄袭"就应付了事的人,虽然当时可以顺利过关,但多年来自身能力毫无提升,逐渐被行业淘汰。

所以"抄袭"可能确实是设计师无法避免的事情,但还是要以积极的心态来对待。我的想法是:功能方面产品经理们可以去"抄",作为设计师无力干涉,但是设计方面绝不允许自己盲目"抄袭"。即使功能一样，不同的设计水准也会让产品体验截然不同！退一万步讲，即使不愿意对产品负责，也总该对自己负责吧。

多年后，有个朋友问我：在这个行业里，大部分人都在"耗泄"自己，变得越来越没有锐气，越来越平庸，越来越不快乐，但为什么感觉你在这个行业中得到的都是滋养呢？我想，可能是因为我总把环境的限制和个人成长紧密联系到一起吧。我做任何事情都不是只完成任务和应付老板，甚至也没有想要做完美的产品，因为我知道很多产品都活不了多久就要被迫退出市场。我觉得唯一有价值的事情是，我在每一天的工作中都能想方设法地让自己获得成长。这样就算产品"黄"了，公司"黄"了，领导换了，我也依然越来越有价值。

直接"抄袭"竞品的风险

虽然目前抄袭风气正盛，但是大家也要认识到此举的风险。

影响公司形象。经常能在微博或新闻上看到某公司控诉其他公司严重抄袭自己的产品界面。而评论中支持者甚多，大家都在极力谴责这种不良行为。这对抄袭一方的公司形象有很大的影响。

在这类事件中，视觉设计互相抄袭的情况是最多的，因为这是最容易被发现的，而功能上的抄袭其实并不那么容易被发现。如果在"借鉴"的过程中在设计上有所改进，反而更容易得到认可。

在互联网公司中，"抄袭"别人的模式、功能，但在体验上远远超出对方，最后打垮竞争对手的例子屡见不鲜。因此，虽然大家都在"抄袭"，但用心程度不同，最后得到的结果也不同。

出现严重错误。不动脑子的抄袭很容易出现错误。以前曾经出现过这么一件事情：A 公司的帮助界面中居然出现了 B 公司的联系方式。原来是 A 公司抄袭 B 公司的文案时，完全没有动脑子，把对方的联系方式也抄上去了，所以造成了严重的错误。

驴唇不对马嘴。A 产品的内容或设计并不一定适合 B 产品，就好像别人的发型很漂亮，但是可能并不适合你，因为你们的脸型不一样。

例如你可能非常喜欢某奢侈品网站的设计风格，但这种设计风格绝不应该使用在团购网站上，这会让你的网站看起来非常奇怪。在"抄袭"之前一定要看好了，对方的东西适不适合你。

东施效颦。即使产品性质完全相同，"抄袭"过后就能达到和对方同等的效果吗？答案是否定的。

如果没有良好的设计功底，在"抄袭"时很容易出现纰漏。例如团队成员 A 觉得按钮没有必要做两个样式，悄悄地将其改成了同样的样式，殊不知这两个按钮样式代表的含义和重要程度完全不同。团队成员 B 觉得某个交互形式虽然体验很好，但是开发起来成本太高，就自作主张把它取消掉了。团队成员 C 看到竞品有个气泡渐变消失的效果，但是完全没考虑到渐变的时长，就在自己的产品中设定了差不多的数值，最终效果和竞品相差甚远……

出现这种现象其实并不意外。领导想象得很美好，认为马上能看到和竞品同样的效果。但执行起来却不是那么顺利，团队成员每个人都做得好像差不多，最后却差很多。为什么会这样呢？

因为一个不负责任的指令（"抄袭"），只能得到不负责任的结果。

永远落在对手后面。"抄"很容易成为团队成员偷懒的借口，甚至会成瘾。当大家已经习惯了等待竞品进步，大家就已经在退步了。长久下去产品会越来越没有竞争力，永远不可能超越竞争对手。

综上，大家要做的是关注竞品、研究竞品、努力超越竞品，而不是"抄袭"竞品。

如何对待"抄袭"竞品的要求

如果产品经理不写需求文档，而要求设计师直接"抄袭"竞品，设计师应该如何做呢？

先来看看 3 种不同情况下的需求分析过程，如图 5-18 所示。

理想情况下，设计师明确产品定位，和产品经理一同采集、分析需求，得到产品经理撰写的需求文档，然后开始分解用户任务、设计任务流程、明确操作路径、设计界面样式……但如果"抄袭"竞品，需要把这个过程倒过来，即通过竞品界面倒推，直到从竞品中得到原始的用户需求以及业务逻辑。

具体来说是这样：首先，尝试所有的操作，截取全套的竞品界面截图；接下来，根据这些截图绘制流程图，然后再根据流程图倒推需求；再用 5.3.3 中的方法，提炼设计目标，确定设计需求，然后再开始正常的设计过程。

就好像有人拿来一个录音机，要求你设计一个跟它一样的。你需要先研究录音机的构造，把它拆开来看看里面的零部件是如何组织的，深刻了解它的工作原理，然后才有可能做出跟它一样好用的录音机。

如果设计师想设计出更好的录音机，不仅需要知道它的工作原理，还需要知道用户对它的看法。可以通过前面提到的用户调研、竞品分析、用户反馈、产品数据等，了解自己的用户和竞品用户的区别，以及竞品用户在使用过程中有什么痛点和期望，如何更好地满足用户需求……和 5.3.3 中的例子类似，最后得出设计目标。

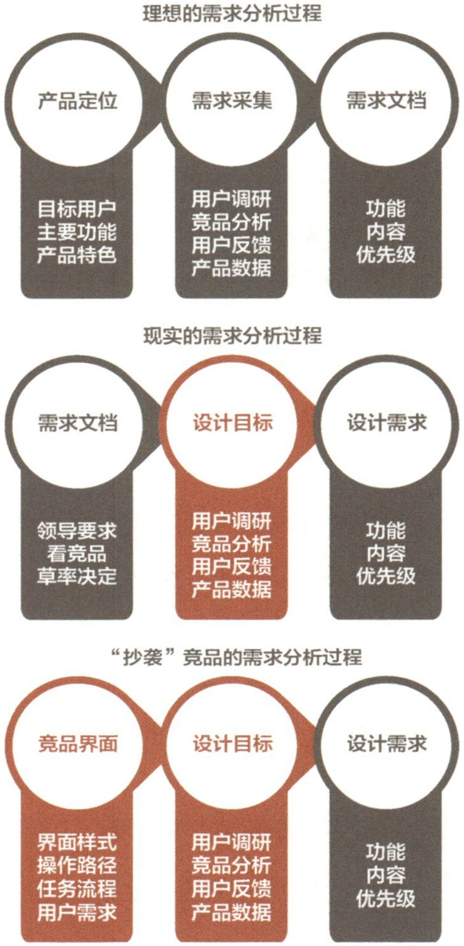

图 5-18　3 种情况下的需求分析过程

即使时间非常有限，不允许做太多的调研、分析工作，设计师也可以想象自己是一个从来没用过该产品的用户，认真体验产品，记录使用过程中遇到的困惑和问题，再通过经验来解决它们。

通过用心的思考和设计，相信最后的结果不会比竞品差，甚至可能更好。其实这并不是"抄袭"，而是避免"重复造轮子"并在别人的基础上做到"微创新"。不要小看"微创新"，很多杰出的产品都是通过"微创新"迭代出来的。例如传统 MP3 通过微创新变成了 iPod；iPod+ 手机 – 通话短信功能就变成了 iPod touch；iPod touch 放大就变成了 iPad；iPod touch+ 通话短信功能就变成了 iPhone……虽然设计师的日常工作无法和此相提并论，但谁说伟大的事业不是在逐渐形成的思维习惯当中铸就的呢？而不动脑子的"抄袭"只能产生更多的同质化产品，使产品在激烈的竞争中总是处于不利位置。

5.3.5　如何做竞品分析

想要合理"抄袭"竞品并在此基础上做得更好，就需要对竞品有足够的了解。具体应该从什么角度去了解竞品呢？下面就介绍一下竞品分析的思路。

选择合适的竞品

寻找合适的竞品，是竞品分析的关键。如果选择了错误的或者不合适的竞品做分析，那所有的过程就都白费了。

如何从纷繁的互联网产品中选择合适的竞品呢？最容易想到的，是寻找定位相似的产品，也就是服务相同目标用户、解决相同问题的产品。例如，设计一款出行类应用，很容易想到去看看滴滴如何设计、Uber 如何设计；设计一款音乐类应用，多半会去看看网易云音乐或是 QQ 音乐。另一种方式，就是寻找功能相似的产品。例如要设计一个 Feed 流，可以去看看 Flipboard、微博这样的资讯类产品，也可以参考 Google Now、App Store，甚至 iOS Widget，这些虽然是不同领域的产品，但功能相似，都是用灵活的卡片流形式呈现内容。

竞品分析的层次

《用户体验的要素》将产品分为 5 个层次，分别是战略层、范围层、架构层、框架层和表现层。竞品分析同样可以通过这几个方面逐层抽丝剥茧，从宏观战略到微观设计表现全面剖析，如图 5-19 所示。

战略层——竞品概述。每个人能够成长为什么样子，和环境的影响密不可分。产品也是同样的，不同的公司背景、公司基因、不同阶段的产品目标，都会影响一款产品的设计。在做竞品概述时，可以从产品定位、使用群体和产品背景、规模等方面入手，对一款竞品进行概述性的分析，如图 5-20 所示。

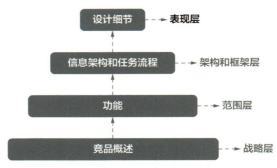

图 5-19　竞品分析的层次

	产品定位	使用群体	产品背景工、规模
竞品A	你的专属司机	20~40岁，群体素质较高……	创立于2009年，在全球范围内覆盖了70多个国家或地区的400余座城市
竞品B			
竞品C			

图 5-20　竞品概述表

范围层——功能。 在对竞品的功能进行梳理时，可以通过表格来对比功能的有无，这样可以清晰地看到不同竞品之间的差异，如图 5-21 所示。

	信息呈现		表单填写			智能化	
	流程引导	服务信息	地图信息	服务推荐	常用信息管理	服务实时动态	语音输入
竞品A	√	√			√		
竞品B			√	√		√	√

图 5-21　功能对比表

　　需要注意的是：功能对比并不仅仅是单纯的罗列，还要进一步思考功能设定背后的原因。例如从用户对功能的依赖程度、使用频率，以及公司需要为这个功能付出的技术和资金成本，结合自身的产品定位，来考量自己的产品是否也需要这个功能。

　　架构和框架层——信息架构和任务流程。对于信息类的产品，如大多数资讯类、媒体类的产品，需要着重对比不同竞品间的信息架构。一般来说，信息类产品的使用流程不会太长，大部分用户都是在列表页和详情页之间切换浏览。信息架构设计得是否符合用户心智，决定着用户是否容易找到自己感兴趣的内容，如图 5-22 所示。

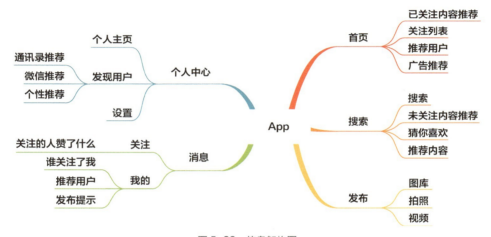

图 5-22　信息架构图

　　而对于一些工具类的产品，如出行、外卖、购物等，用户有明确的目的，需要通过一系列操作来完成一项任务。这样的产品，可以着重对比不同竞品间任务流程的差异，来寻找哪些操作步骤是可以简化的，哪些对于完成任务的引导是值得借鉴的，如图 5-23 所示。

图 5-23　任务流程对比

更多的时候，设计师遇到的项目是对几个或是单个界面进行设计。尤其是成熟期的产品，不会频繁地更新信息架构和任务流程。这时，可以着重分析界面，如界面的内容、操作、布局等，如图 5-24 所示。

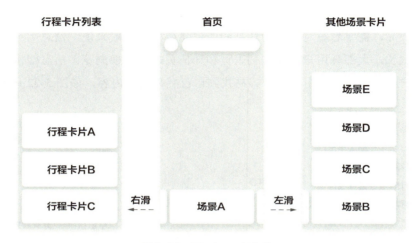

图 5-24　界面布局及操作流程

表现层——设计细节。表现层是最容易被用户直观感受到的层面，可以从视觉风格、配色、字体、动效等方面，和竞品进行详细的对比。需要注意的是，竞品分析并不是罗列细节，而是需要分析出操作体验的优劣，以及这样设计的原因。设计细节分析如图 5-25 所示。

当然，并不是每个项目都需要从战略层到表现层全部分析一遍。对于那些从 0 到 1 的创新型项目，可以着重分析战略层和范围层；对于体验优化型的项目，则可以着重分析框架层和表现层，找到微创新的着力点。大家可以根据不同的项目和目的，选择不同的侧重点进行分析。

提炼设计点

在进行了全面的分析对比之后，竞品分析还有非常重要的一步：给出结论。我曾经见过一个 80 多页非常完整详细的竞品分析 PPT，里面罗列了竞品的各种功能、信息结构、任务流程、界面特征等，看起来无懈可击，却没有总结出任何自己的观点。那这样的分析报告有什么用呢？大家在做完竞品对比分析后，一定要给出相关的结论，这才是最重要的。

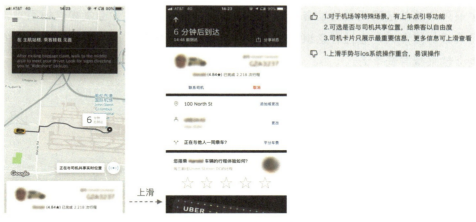

图 5-25　设计细节分析

如何给出结论呢？这里有个比较简单实用的方法：可以将竞品和自己产品的共同点以及差异点（包含战略层、范围层、架构层、框架层、表现层）总体归纳一下，总结出可以借鉴的点（如果和自己产品定位类似则可以选择性借鉴）和需要规避的点（和自己产品定位不符则需要慎重考虑），进而提炼出自己产品的设计点，如图 5-26 所示。这样在后面进行设计时就可以做到心中有数了。

图 5-26　竞品总结表

做竞品分析，最简单的是罗列，最难的是归纳。因为前者只需要细心，而后者需要良好的抽象思维能力及总结概括能力。好比一个是体力劳动，一个是脑力劳动。工作中最忌讳的就是用四肢的勤奋掩盖头脑的懒惰，一开始也许你会觉得这很困难，但是没关系，慢慢来，通过有意识地锻炼，你就会在"动脑"方面越来越轻松，你的产品也会越来越有竞争力。

第6章 设计规划——从需求到设计草图

在第 5 章中，大家了解了如何同产品经理一起做需求分析，假如错过了这个阶段，设计师该如何弥补，如何重新确立设计目标并定义设计需求。那么在这一章里，大家将学习在得到正确的产品需求或设计需求后，如何进行设计规划。

确定需求之后，设计师不要马上就打开软件画图。工欲善其事，必先利其器，优秀的设计要经历充足的规划过程。在实际工作中，设计规划阶段也是设计师投入脑力和心力最多的一个环节。

例如对于操作流程较长的产品，首先需要根据使用场景合理规划任务流程。用户想点一份外卖，需要经历几个步骤？对于复杂的任务，有没有可能简化操作？对于新用户，是先让他选好商品下单，还是先要求他注册登录？

除了任务流程的设计，设计师还需要考虑应该提供哪些必要的信息给用户，然后将信息分门别类、有效地组织起来，并以导航的形式在界面上展现，让用户快速找到自己想要的信息。可根据需求同时对所有界面的信息进行设计。排列信息和任务的优先级，并在界面上通过一系列引导，帮助用户快速理解信息并完成任务；对于信息量过大的页面，使其重点突出、一目了然。例如设计注册界面时，突出的信息、清晰的引导、简便的操作可以帮助用户顺利完成任务。

对于一个产品来说，任务流程的设计和信息内容的设计不是孤立存在的，而是互相关联的。用户使用互联网产品既要获取信息，又要完成任务。完成任务的过程中离不开各种信息的提示，而寻找信息又是为了完成一系列任务。

因此，设计师需要根据需求设计相关的任务和信息，然后通过组织信息结构、引导用户完成任务得到一系列相关联的界面草图，最后细化草图为具体界面，如图 6-1 所示。

图 6-1　从需求到界面

在这个过程中，设计师不仅要考虑如何让用户轻松、愉悦、高效地浏览和操作；还要赋予界面一些魔力，让用户难以忘记使用产品的体验，从而捕获用户的心。

6.1　从需求到界面，隔着一扇门

很多设计师有个不太好的习惯，就是拿到需求后马上开始尝试用软件画界面，甚至在需求还没想好时就已经开始构思界面细节了。有的人热衷于把界面设计得更好看，但界面逻辑却一塌糊涂；有的人在设计过程中发现某个界面逻辑不通，花费大量时间冥思苦想，却始终得不到好的解决办法；还有的人信心满满地带着设计好的界面参加设计原型评审，却遭到各种质疑，不知该如何应对。

可能你会问："不是细节决定成败吗？"可别再被这句话误导了，此"细节"非彼"细节"。真正的"细节"不是割裂于整体之外的，而是鲜活地体现出设计背后的思考和战略，也就是说，好的"细节"是为更高瞻远瞩的思想服务的。如果没有这个前提，只是抠眼前的细枝末节，那根本不叫注重细节，那叫缺乏整体意识。

如何解决上面的问题，不过早、过度陷入界面细节当中呢？其实，从需求到界面，中间还隔着一扇门。只有通过这扇门，才能顺利地从需求过渡到界面。但很多人无视这扇门的存在，总想走捷径，直接"破门而入"，到最后会撞得头破血流，得不偿失。

这扇门就是任务流程的设计和信息的组织。通过了它们，大家才能快速绘制出设计原型草图，并进一步细化界面。

6.1.1 如何搞定信息分类

在生活中，整理物品是为了更容易地找到它们。在厨房里，调料放在一个抽屉，厨具放在一个抽屉，餐具放在一个抽屉，做饭时就不会手忙脚乱地到处东找西找；超市的商品按照不同的分类，摆放在不同的货架上，并在货架上附上相应的指示牌，顾客在购物时才能更方便快速地找到所需商品。东西越多，就越需要整理。

同样，网站上的信息越多，也越需要组织和整理。找寻信息是用户访问网站的重要目的之一，信息的分类与组织是设计一个网站的基础。不能顺利找到所需信息，是非常影响用户体验的。对于那些以信息查询为核心业务的网站来说，信息的分类与组织更为重要。大家可以根据逻辑习惯对信息进行分类，或者直接去探究用户的想法。总之，设计师需要合理组织网站所要承载的信息，帮助用户找到他们真正想要的东西。

逻辑分类

大家可以使用人们在生活中熟悉的分类逻辑对内容进行组织。

例如在生活中，要买一件男士 T 恤，会

图 6-2　电子商务网站的信息分类方式

首先找到商场中卖男装的楼层，再到店铺中摆放上衣的区域去挑选 T 恤。在电子商务网站对商品进行组织时，同样采用了这种"男装 > 上衣 >T 恤"的分类方式，如图 6-2 所示。如果分类方式改成"上衣 > 男装 >T 恤"，你会不会觉得怪怪的呢？不符合逻辑习惯的分类很容易把用户弄糊涂。

还可以将物品按照生活中常见的用途、品类、形状、颜色、材料、品牌等进行分类，通过数字、字母、时间等进行标识。

例如一个玩具网站可以从适用年龄、玩具类别、特点、品牌几个方面，对玩具进行分类，如图 6-3 所示。这都是符合人们日常生活认知的分类方式。

图 6-3   玩具网站的信息分类方式

卡片分类

卡片分类是另一种有效的组织信息的方式，可以用其设计出符合用户心智模型的信息架构。简单地说，卡片分类就是邀请用户"把类似的东西放在一起"。在产品设计的初级阶段，利用卡片分类可以知道用户对产品内容的期望，为信息架构的搭建提供依据。对现有产品进行改版时，卡片分类可以检验现有的信息架构是否合理，对新版本的改进提供有效帮助。

卡片分类的方法简单易行，首先准备好剪裁过的卡片，将需要分类的信息写在卡片上，然后组织招募到的志愿者对卡片进行分类。志愿者最好是与产品设计不相关的人员。在志愿者进行卡片分类时，设计师和用户研究员可以观察他们的分类过程，以及他们对卡片上信息的理解。最后，需要对卡片分类的结果进行分析。数据量少的情况下，可以直接在白板上分析分类的情况，或拍照记录数据。如果数据量庞大，也可以使用专门的数据分析软件，如 IBM EZSort、CardZort、WebSort 等。

卡片分类一般可分为两类：**开放式和封闭式**。

开放式：开放式的卡片分类会给用户足够的自由度来进行信息归类。设计师将完全打乱的卡片分发给用户，用户可以完全自由地决定把卡片分为几组，每组有多少张卡片。最后再由用户为分好组的卡片命名。开放式卡片分类给了用户极大的发挥空间，设计师可能会得到更加丰富的分类结果，如图 6-4 所示。但对于内容复杂、信息量庞大的网站，开放式的分式方法可能会使结果变得不可控。

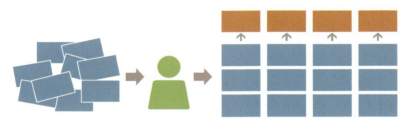

图 6-4　开放式卡片分类

封闭式：设计师首先会将导航的架构设计好，确定出导航的个数和名称，再将属于这些类目的卡片分发给用户，让用户根据自己的期望，把卡片归类到不同的导航类目下。如果有些卡片用户不知道该将其分到哪个类目下，可以将其拿出来单独放到一起。封闭式的分类方式更利于掌控，可以用于对信息设计的结果进行验证，如图 6-5、图 6-6 所示。

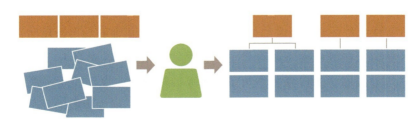

图 6-5　封闭式卡片分类

图 6-6　封闭式卡片分类测试现场

6.1.2　好的导航是成功的一半

设计师 A："我设计的导航逻辑清晰，但用户却很难找到自己想要的内容。"

设计师 B："用户习惯和产品逻辑，到底哪个更重要？"

　　信息的分类与组织是导航设计的基础，而导航设计在互联网产品设计中又扮演着重要的角色。导航设计并不像看起来那么简单。很多人可能都有过这样的经历：你觉得想要寻找的信息在类目 A 下，可找了半天才发现原来它在类目 B 下；打开导航上的一个类目，界面展示的内容并不是自己想象的那样……设计师要将繁复的界面内容组织起来，梳理出其中的逻辑，按照层级关系，最终归纳为少数的几个类目。好的导航系统是一个产品的基础，也是设计师面临的一大挑战。在保证结构合乎逻辑的同时，还要考虑到导航是否能正确引导用户、导航的深度与广度是否平衡、导航形式的选用是否合理等问题。

导航的自我解释

虚拟的互联网世界没有现实世界中明显的方向感，不明确的导航和位置信息可能导致用户迷失方向。成功的导航设计可以自我解释，让用户在导航系统中清楚地认识到信息结构和自己所处的位置，为用户解释"我从哪里来？""我现在在哪里？""我能去哪里？"的问题。

对于 Web 端的设计，界面中承载的信息往往较多，跳转也更为复杂，可以通过面包屑与界面元素相呼应的方式，使用户理解产品的信息架构。

图 6-7 为 ebay Web 端界面女装类目下的界面。面包屑"Home>Fashion> Women's"记录了用户的访问路径，用户可以通过它回到之前访问过的任一层级的界面。界面中的导航设计元素同样反映出网站的信息架构：左上角的网站 Logo 告诉用户正在访问 ebay 的服务，无论什么时候，点击这里，都可以回到网站首页。Logo 下面的标题"FASHION"告诉用户整个界面的信息都属于这个类目。"FASHION"旁边的导航中，"WOMEN"一项高亮显示，标明了用户的准确位置。用户可以选择与

图 6-7　导航的自我解释

"WOMEN"平级的导航，浏览"FASHION"类目下的其他内容；也可以通过"WOMEN"下一层级的子导航，寻找更加细分的类目下的女装商品。整个导航系统与面包屑相呼应，清楚地解释了"我从哪里来？""我现在在哪里？""我能去哪里？"的问题。

　　但在设计手机端 App 时，情况则不太一样。由于手机屏幕较小，会采用更加扁平化的信息架构、更加沉浸式的设计形式。对于信息的组织，更强调"从哪儿来，回哪儿去"。用户循着列表或是入口一层一层点击进去，每次点击左上角的返回按钮，都会回到上一层级的界面。单一路径、纵深式的导航方式，让用户同样不会迷失方向，如图 6-8 所示。

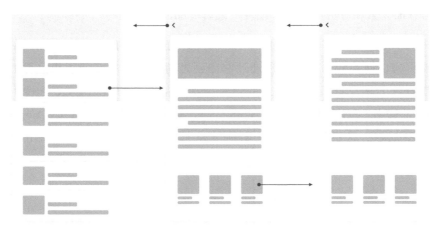

图 6-8　手机端导航方式

深广度平衡

　　在导航的信息组织中，层级的数目可以称为导航的深度，每一层级中包含的选项数可以称为导航的广度。在设计导航结构时，要考虑到深度与广度的平衡，也就是纵向的层级数与横向的选项数的平衡。

　　如果导航深度过深，用户就需要多次点击，才能找到所需信息。互联网的世界纷繁复杂，每多一次点击都会使产品流失一批用户。很少有人可以通过第 2 个层级的目录，就想象到第 5 个层级上会出现什么信息。如果一些细小的信息隐藏得过于深，用户可能很难找到。过深的层级关系容易令用户迷失方向，如图 6-9 所示。

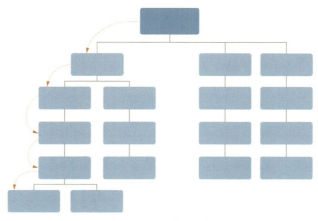

图 6-9 导航深度过深

相较于不停点击，眼睛在界面上扫视的成本要低许多。所以比起深层次的导航结构，广度导航更利于用户发现信息。但如果广度超出用户可以接受的范围，用户必须一次阅读很多选项才能在其中进行选择，会大大增加用户的选择负担。一般来讲，超过 7 个选项用户就很难记住了。一次性展示过多选项会令用户患上"选择恐惧症"，很难从中挑出哪一项才是自己想要的，如图 6-10 所示。

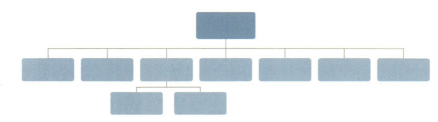

图 6-10 导航广度过广

所以设计导航时，需要将信息进行合理的分组，在分组时注意深广度的平衡。明确每个层级的焦点，让用户知道当前层级有哪些内容，并知道自己的目标在哪里。深广度平衡的导航使用户在每个层级上不会面临过多选择，也不需要经历太多层级就能找到需要的信息，如图 6-11 所示。

信息的深广度平衡，与产品的功能和内容息息相关。对于核心内容突出的垂直型产品，更适合较扁平的信息架构，避免多次跳转导致用户流失。例如抖音把每个视频的内容直接展示在了首页，打开 App 立即播放视频，不需要用户先去选择。而对于功能丰富的平台型产品，更适合结构化的导航形式，在首页可以暴露各种核心功能的入口，建立平台认知。

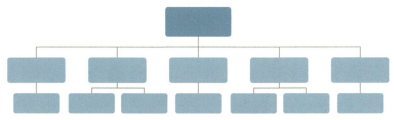

图 6-11　导航深广度平衡

选择合适的导航形式

底部 Tab 导航

对于手机端产品来说，底部 Tab 导航是最常见的一种导航形式，一般有 3 ～ 5 个选项，代表不同的功能分类，直接暴露在产品首页，便于主要功能的曝光。底部 Tab 导航还可以清楚地让用户知道当前所在的分类，方便用户在几个选项间切换。对于有 3 ～ 5 个常用功能的产品，可以采用这样的导航形式，如图 6-12 所示。

图 6-12　底部 Tab 导航示意

标签式导航

标签式导航一般位于界面顶部，比底部 Tab 导航有更强的扩展性，内容超过一屏时可以横滑。标签式导航一般用来承载内容的分类，如新闻或视频 App 中的不同频道、电商 App 中不同的商品分类等。标签式导航可以与底部 Tab 导航组合使用，一般底部 Tab 导航是产品的一级导航，用来承载大的功能分类，标签式导航是二级导航，用来承载更多内容或商品的分类，如图 6-13 所示。

图 6-13　标签式导航示例

舵式导航

舵式导航与底部 Tab 导航类似，位于界面底部，可以承载 3 ～ 5 项主要功能。不同之处在于，舵式导航会有一个非常突出的选项，让它在视觉上有别于底部的其他选项。这个突出的选项一般是产生内容的主要触发按钮，如微博的"发微博"、闲鱼的"发布闲置"、大众点评的"发表评论"等，通过这种方式鼓励用户多发布内容，而内容是这些产品最核心的部分，如图 6-14 所示。

抽屉式导航

抽屉式导航一般通过点击屏幕左上角来呼出侧边栏的导航内容，就像拉抽屉一样拉出菜单。抽屉式导航较为隐蔽，用来承载不会被频繁使用的次要功能，适用于主要功能突出、次要功能相对使用频率低的产品，如图 6-15 所示。

图 6-14   舵式导航示例

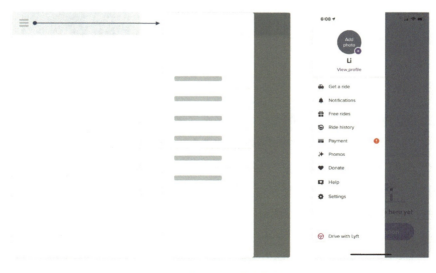

图 6-15   抽屉式导航示例

宫格式导航

宫格式导航可以将产品的主要功能集合在首页，让用户快速了解产品所有的服务分类，单击每个入口将进入独立的界面。宫格式导航适合具有多个体量相当、功能内容垂直的平台类产品。宫格式导航还具有灵活可扩展的特点，可以通过不同视觉量级的图标设计、分屏设计区分功能和内容的主次，也可以根据用户的使用习惯对功能进行排序，如图 6-16 所示。

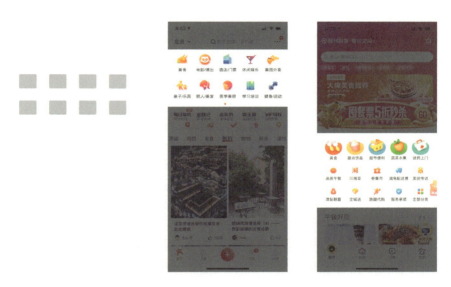

图 6-16　宫格式导航示例

列表式导航

列表式导航常用于二级导航，它的特点是结构清晰、便于分组，可以混合显示选项的名称和部分状态、内容信息，且标题可以承载较长的文案内容。用户可以通过名称快速找到对应的信息，适用于需要分组的功能或内容，如图 6-17 所示。

为重要功能和常用功能设置快捷入口

导航应该是结构清晰、合乎逻辑的，这是产品设计的必要条件。如果用户有明确的目标，凭借清晰的逻辑可以快速找到自己想要的内容；但对于没有明确目标，只是随便逛逛的用户来说，他们使用产品时并不会刻意思考，因此如果重要和常用的功能路径过深，就可能令他们丧失对产品的兴趣。

图 6-17　列表式导航示例

　　以手机淘宝 App 为例，"购物车"从逻辑上来讲，属于"我的淘宝"中的内容，但无论对于用户的使用便利，还是促进购买的商业目标来说，"购物车"都起到了至关重要的作用。所以在手机界面这个寸土寸金的地方，"购物车"往往会作为底部 Tab 导航的内容，稳定地展示在 App 首页。

　　也就是说，大家在做导航设计时既需要考虑逻辑层级，又不能拘泥于此，还要同时考虑到用户需求和产品利益，并适度平衡。"购物车"就是个特别明显的例子，不仅会出现在首页，还出现在产品详情页，方便用户随时下单购买，如图 6-18 所示。因为用户在"逛"的时候并不会过多考虑到逻辑，而是希望自己需要时就能立刻找到想要的功能。同样的，像"首页""我的淘宝"这些常用功能，也出现在产品详情页的快捷入口中。

　　为重要功能和常用功能设置快捷入口，就像是在原有产品架构的基础上搭建了一条"快捷通道"。用户可以一步步顺着产品的逻辑来寻找所需功能，也可以通过快捷入口快速找到所需功能，如图 6-19 所示。

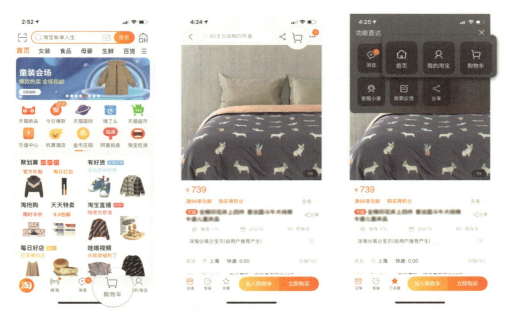

图 6-18　电商产品的"购物车"

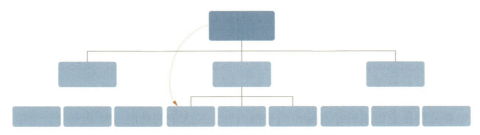

图 6-19　为重要功能和常用功能设置快捷入口

　　但设置快捷入口也是一个需要权衡的过程。必要的快捷入口可以提高使用效率，但如果快捷入口过多，产品会变得混乱复杂，不仅不会提升使用效率，反而会令用户感到迷惑，如图 6-20 所示。作为设计师，需要权衡哪些是产品的重要功能，合理设置快捷入口。

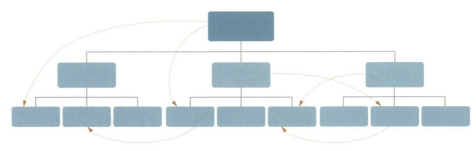

图 6-20　快捷入口不宜过多

6.1.3　主要任务与次要任务

设计师 A：“用户要完成的操作太多了，怎么梳理清楚呢？好头疼！”

设计师 B：“怎么能更好地在界面上引导用户关注主要任务呢？”

任务流程，是从“需求”到“设计”之间的连接线。用户使用一款互联网产品，一般都有特定的需求。所以用户能否在产品设计的引导下，让自己的需求被满足，是设计师在进行设计时遇到的一大挑战。

需求文档中的功能和内容都是比较零散的，设计师需要结合用户的使用场景和目标，通过一系列界面把它们组织起来。如果把产品比作一座购物商城，那么信息架构就是商城的框架，如这个商城有多少层，每层都卖什么东西，都有哪些品牌店；任务流程则相当于里面的过道，用户沿着过道完成“逛街”、支付等主要任务，通过商城中的各种提示完成去卫生间、去服务台换停车票等次要任务。用户在完成任务的过程中满足了自己的需求，而产品也从中直接或间接地得到了商业利益。

如果说产品定位或设计目标相当于指南针，需求中的功能点就是一个一个零散的地理坐标，而任务流程就是经过这些地理坐标的路线图。由于有主线、有分支，这张路线图看起来就像一个迷宫。有了迷宫“地图”，设计师就可以通过适当的引导轻松带领用户完成任务，达成用户目标。但如果没有这张清晰的地图，不仅产品和开发人员可能会把功能和业务逻辑随处码放，设计师也不知道该如何引导，那么用户就可能彻底迷失在“迷宫”中走不出去了。不同角色心目中的产品，如图 6-21 所示。

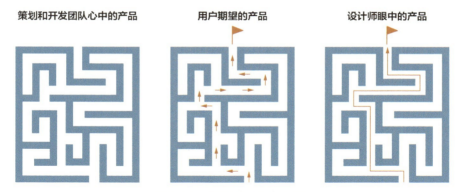

图 6-21　不同角色心目中的产品

　　这是因为在实际产品设计工作中，对于产品经理和开发工程师来说，功能、业务逻辑是最重要的，但是用户更关心的是如何使用产品。所以设计师需要想办法解决功能或需求和用户期望之间的不一致问题，顺利帮助用户完成任务。

　　具体如何做呢？就像设计迷宫一样，先设计主线，再设计支线。主线（主行为流）就是把杂乱无章的功能点根据用户的期望及目标以正确的次序组织起来，然后告诉用户需要先做什么，再做什么。是否设计支线（次要行为流），要看其是否能对用户完成主行为流有必要的帮助（迷宫的支线越少，整体复杂度越低，越有助于用户迅速完成任务）。

　　这就是设计任务流程的意义：通过定义清晰的主线及支线，正确架构起整个产品的功能和内容。如果没有这个环节，不仅用户难以理解产品功能，对项目也有很大的影响。大家讨论问题时可能会找不到重点，把所有关注点都集中在功能细节和产品界面上；操作时一旦发现找不到想要的内容，就随意在界面上添加，导致界面内容过多，毫无重点。任务流程如同产品的骨架，支撑起整个产品，是无法省去的部分。

　　任务流程确定后，就可以通过一系列草图把用户完成任务的过程表现出来，这样就同时得到了任务流、界面流设计，然后再去细化具体的界面，如图 6-22 所示。相比拿到需求文档后直接绘制线框图，然后在一些界面逻辑上纠结不已却又不知如何是好的状态，现在就会感觉清晰得多。

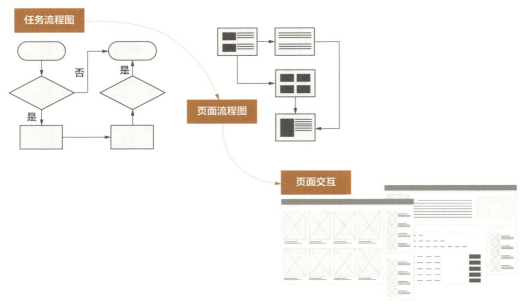

图 6-22　从任务流程到草图，再到用户界面

设计符合用户心智的主要任务

所谓符合用户的心智，简单来说就是符合用户的思维习惯和行动习惯，以达成用户的目标和期望。

例如我有想要吃饭的需求，才会打开大众点评 App。如果我的目标明确，就是想快速找到某一家店的具体位置，进入 App 首页就会首先寻找搜索框，下面有再多的美食推荐也不会关心。如果是想在附近找点好吃的，但又不知道该吃些什么，则会花很长时间浏览美食推荐和用户点评。大众点评 App 的设计，需要满足这两种，甚至更多种目标不同的用户需求，让带着不同目的进来的用户，都能顺畅无障碍地找到所需内容。如果产品的设计呈现与用户的思维习惯一致，用户则会觉得它是易用好用的。

很多时候，互联网产品只是一个工具，用以解决人们现实生活中的一些问题。要让任务设计符合用户心智模型，设计师必须多关注用户在现实生活中是怎样做的，因为用户心智模型有很大一部分是通过生活中的经验培养的。

想象一下，你平时想去看电影的行动流程是怎样的？最近有一部口碑很好的电影上映，于是你决定与朋友一起去看。你们先约好时间，再选择一个两个人都方便到达的影院。到达影院后，在售票处选座购票，还可能顺便买一份爆米花套餐。如果一款电影购票 App 的任务流程与用户的决策和行动流程一致，用户就会觉得与预期相符、简单好用，如图 6-23 所示。如果在首页连热门影片都找不到，用户也许都不会再进行下一步操作了。

图 6-23　与用户心智模型对应的任务流程

用户心智模型还有可能是通过使用各种互联网产品慢慢形成的。例如 10 年前，你想打车去上班，会先下楼走到路边，在大街上寻找出租车，看到有显示空车标志的出租车才挥手，出租车停到你面前后，你才会上车，告诉师傅要去哪里。整个任务流程是：到路边—找车—告知目的地。现在如果你打车上班，会打开滴滴出行 App，先输入目的地，选择车型后等待平台匹配，有师傅接单后才会下楼找车、上车。整个任务流程是：打开 App 输入目的地—等待接单—到路边找车。如果现在新上线一款网约车产品，让用户先不输入目的地，叫来一辆车后再跟师傅说终点，用户反而会不习惯。所以合理的任务流程，既要符合用户日常生活中的使用习惯，又要符合主流互联网产品培养出的大众使用习惯。

结合场景，融入次要任务

在产品的主线流程规划好之后，需要结合场景，在各个主线环节设计次要任务。

有些次要任务，是出于部分用户的分支需求，如在选择影片时看看评分和影评、在选择影院时看看详细地址、在支付时顺便买份爆米花套餐。有些次要任务，则是出于商业需求，如引导用户分享、购买卡券套餐等。

对于用户的分支需求，需要理清用户在哪些环节会产生分支需求，以及会产生什么样的分支需求，从而规划次要任务。仍然以购买电影票为例，有的用户目标明确，在心中早已选定要看的电影，进入 App 后只要快速找到心仪的影片就行。有的用户则只是想看电影放松下，并不知道最近在放映些什么，需要通过排行榜或是用户评论选择影片。可以将每个环节可能产生的次要任务梳理出来，如图 6-24 所示。

主要需求（主要任务）	分支需求（次要任务）
选择影片	看电影排行榜 看电影简介（导演、演员、电影简介等） 看评分评论 看预告片 ……
选择时间	……
选择影院	查看地址 查看交通路线 查看影院设备（杜比、IMAX 等） 选择更优惠的影院 ……
选择场次	对比价格 对比不同观影厅硬件 对比座位 ……
选择座位	座位较少时切换场次 ……
支付	购买优惠卡 购买爆米花套餐 ……
支付完成	分享给朋友 退票 售后客服 ……

图 6-24　主要任务与次要任务

但并不是用户的每一项次要任务都需要被满足，要排列次要任务的优先级，优先满足既能提升用户满意度，又能提升商业价值的分支需求。例如在首页增加电影排行榜和热门推荐，既可以为用户提供更多与电影相关的信息，又可以促进目标不明确的用户购票；而在支付完成后提供售后客服入口，是提升用户信任感、减少用户担心的好方法。

对于商业需求，则需要根据场景判断在哪个环节添加是转化率最高的，既不影响用户的主线操作，又能吸引用户查看，促进产品的拉新、提频、活跃等。例如在用户购票前，增加新手红包、热门电影优惠券等活动促成本次购买；在用户购买后，增添提频、裂变的次要任务，如购买月卡更优惠、邀请好友砍价等。

突出主要任务

如今大量产品都拥有丰富的信息，用户完成一项任务时往往要面对很多复杂的信息和操作，主要任务不突出或是引导不明确，会让用户感到迷茫不知所措。如何抓住用户的注意力，引导用户关注界面的主要任务呢？

对于不同级别的任务，要有不同的展现形式。一级任务一级展现，二级任务二级展现。用户的屏幕空间寸土寸金，对于主要任务的视觉和操作焦点，需要在首屏完全展示，以便用户快速找到。在视觉层级上，可以采用增加阴影等方式，突出重点信息的视觉层级，与其他信息做出区分。还可以通过使用与界面有较大对比度的色彩，来吸引用户的眼球，形成视觉重点，如图 6-25 所示。

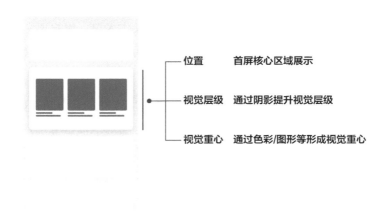

图 6-25　利用展现形式突出主要任务

6.1.4   如何引导用户完成任务

设计师 A："主要任务都梳理完了，用户在使用时仍然不是很顺畅，不知道下一步该做什么，这是为什么呢？"

设计师 B："我要设计的这个界面操作太复杂了，要跳转好几个界面，该怎样引导用户呢？"

......

经常乘坐火车或地铁的朋友应该看到过这样一个场景，一位乘客在自动售票机前买票，看着屏幕不知道该往哪按。好不容易选好了车次，又不知道该如何付款，拿着纸币到处找纸币入口。好不容易找到一个"疑似"入口，往里面塞半天纸币机器都没反应，原来那是车票出口。最后终于找到了，把纸币放进去，从下面的车票出口取到票后凭条突然从最上面的出口吐出……

经过一番手忙脚乱的折腾后，乘客终于拿到票无奈地离开，刚一转身听到硬币掉落的声音，才发现自己忘记拿找零的钱……后面排队的乘客也是一脸的不耐烦。久而久之可以发现，就算人工售票口排着长队，自动售票机前冷冷清清，有些乘客也宁愿去排队买票，不愿再使用那难用的机器。有些车站甚至在每个自动售票机前安排一个工作人员帮助乘客买票，把"自动售票机"变成了"人工售票机"，如图 6-26 所示。

这些自动售票机没有按照用户的购票顺序放置操作入口，用户要左一下右一下地寻找下一步应该在哪操作，不同任务间也没有一个明显的引导，用户会在使用中感到迷茫，甚至挫败。

图 6-27 是另一款自动售票机，它把相关的操作步骤进行了合并，如取票和找零，从而将用户烦琐的购票过程简化成了三大步骤；并且明确地标出哪个是第 1 步，哪个是第 2 步，哪个是第 3 步；此外还在步骤间增加了有指向性的箭头引导用户操作。用户在使用这样的自动售票机时，操作自然会顺畅很多。

同样的，在产品界面设计中，设计师们也可以按照用户的操作逻辑，采用类似的方法进行引导。这里介绍 3 种方法，分别是相似性引导、方向性引导、运动元素引导。

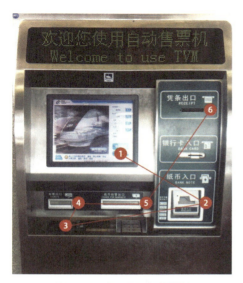
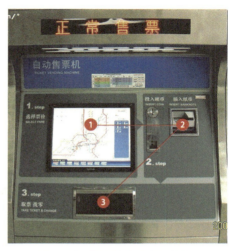

图 6-26　难用的自动售票机　　　　　　　　图 6-27　引导明确的自动售票机

相似性引导

所谓相似性引导，就是如果大小、色彩、形态、视觉元素等因素相似，那么这些相似的因素可以牵引用户的视觉，引导用户操作，如图 6-28 所示。

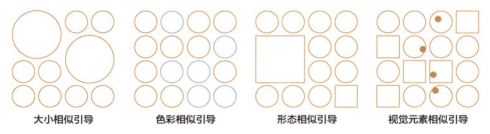

大小相似引导　　　　色彩相似引导　　　　形态相似引导　　　视觉元素相似引导

图 6-28　相似性引导

在选择影院排期的界面中，就可以运用相似性引导，利用色彩和形态的相似，引导用户操作。例如日期、区域、影院使用的是同样的视觉样式，用户马上就能意识到这 3 块内容是相关联的，都是为了选择影院所做的操作，如图 6-29 所示。

图 6-29　利用相似性引导用户选择影院

方向性引导

从自动售票机的例子中可以看出，对于操作步骤较多的任务，可以利用具有指向性的箭头，进行方向性引导。在引导用户操作时，也可以使用这个方法。例如当希望引导用户进行上拉操作时，可以结合向上的方向引导和动效演示，来提示操作，如图6-30 所示。

清晰的视觉纵线也可以建立起无形的方向性。图 6-31 为两款产品的编辑后台。第一款产品的编辑后台选择了信息居左对齐，清晰的方向性可以提升用户完成任务的效率。第二款产品的编辑后台的视觉焦点左右跳跃，在方向性的引导上稍显混乱。

运动元素引导

如果在迷失方向时，有一个人可以拉住你的手，带你去想去的地方，那是最好不过的。运动元素引导，就像是用户的小向导，带领用户走到下一步。例如在某款外卖App 中选择商品后，在添加商品处会生成一个红色的小点，红色的小点"飞到"界面下方外卖小哥打开的外卖盒中，紧接着外卖盒的盖子合上，外卖盒右上角随即出现角标"1"。用户的视线马上就会被牵引到外卖盒处，知道在这里可以查看已经加购的商品，如图 6-32 所示。

以上的引导方法适合在同一个界面中对用户进行引导，如果需要跨越多个界面该怎么办呢？

图 6-30 利用方向性引导用户操作

清晰的视觉纵线

视觉纵线左右摇摆

图 6-31 清晰的视觉纵线可以建立方向性

图 6-32 利用运动元素引导用户视线

向导控件

向导（Wizard）控件就是一种常用的引导方法，常用在 Web 端，可引导用户完成多步操作。向导控件可以在陌生的界面环境下，为用户指引路线。同时，还可以告诉用户要完成任务一共需要多少步骤，用户现在所处的步骤是哪个，还有多少步可以完成任务，让用户对整体操作有预期，帮助迷失的用户找到前进的方向。跨越多个界面的购票过程，就可以用向导控件的方法对用户进行引导，如图 6-33 所示。

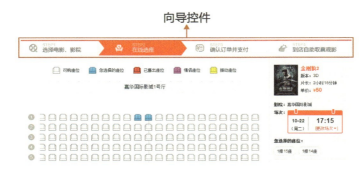

图 6-33　利用向导控件引导整个购票过程

6.2　设计友好而易用的界面

穿过了从需求到界面中间的那扇"门"，从需求阶段顺利过渡到界面阶段，可以在此基础上继续细化界面了。这里介绍一些技巧，帮助大家设计出更加友好而易用的界面，从而减少用户理解和操作的成本。

6.2.1　如何简化复杂的操作

设计师 A："我的产品支付成功率很低，很多用户下了单，但没有完成付款，好郁闷。"

设计师 B："使用流程已经简化得不能再简化了，用户还是觉得麻烦，怎么办？"

设计师 C："经常听到用户反馈产品很难用，操作很复杂，我该怎么办？"

......

如果下班后，想在回家前买一包巧克力，你是会选择去大超市买呢，还是去小区楼下的便利店买呢？

如果有明确的目标，我肯定会选择便利店。在大超市中，顾客首先要到达买食品的相应楼层，需要在琳琅满目的各式商品中先找到零食区，再在各个品牌的巧克力中进行挑选，然后排队结账。在购买的过程中，你还有可能被随意放置的购物车拦住去路，小心翼翼地走过生鲜区湿漉漉的地面，在结账时排了 20 分钟的队才发现这个窗口只收现金不能刷卡……

而在便利店中，我不需要到处寻找食品区，免去了上楼下楼的步骤，由于没有那么多商品种类，干扰项大大减少了，一进便利店我就能一眼扫视出店里哪个区域摆放了什么商品。如果懒得自己挑，还可以把寻找巧克力这项工作转移给售货员，他会迅速帮我找到。我可以不被购物车拦住，不路过生鲜区，不需要排长队，可以快速直接地买到我喜欢的巧克力。

可以看到，通过减少冗余步骤和干扰项、将复杂操作转移给系统、简化操作方式等，可以让用户更简单、更便捷地完成任务。

减少冗余步骤和干扰项

用户进入产品后，会像漏斗一样，用户每多经历一个步骤，就会多一分流失的风险。所以减少和合并不必要的环节，是可以减少用户流失的好方法。设计师在平时进行设计时，应该常常问自己这样的问题：这个环节是必要的吗？去掉后会影响主流程吗？每增加一个环节都应该慎之又慎。

例如生鲜类的电商 App，这类 App 的商品购买频率高、相对标准化，同一个平台的果蔬在质量上往往也没有太大的差别。大多数情况下，用户在产品 A 的列表页看到商品后，价格合适就会将商品直接添加到购物车。每次买生鲜类的商品，用户也往往会选购多种商品后一起支付，直接在列表页加购便于用户一次购买多种商品。而产品 B 需要点进每个商品的详情页，再将商品加入购物车，如图 6-34 所示。很明显，产品 A 既减少了用户的操作步骤，也更容易为商家带来更可观的收益。

图 6-34   两款生鲜电商 App 使用流程

你在购物时会不会有这样的感觉，如果商家为顾客提供了 5 个颜色的杯子，你可以很快挑出一个自己喜欢的买下来，如果提供了 15 个颜色呢？我想很多人会患上选择恐惧症，会仔细对比每个颜色，纠结到底应该买哪个，最后可能因为选项过多太过纠结而放弃购买。提供很多选项看似可以给用户更多选择，让他们可以掌控局面，但如果超过了一定的界限，特别是在很多选项都很类似的情况下，反而会给用户带来负担。

有这么一个例子。一位哥伦比亚大学教授在一个超级市场设立了一个免费品尝的展位。在一个周六，提供了 24 种口味的果酱供人们品尝，而另一个周六则仅提供 6 种口味。出人意料的是，在有 24 种口味时，有 60% 的顾客停在了展位并参与了免费品尝活动，在他们中有 3% 的人购买了商品；在只有 6 种口味时，有 40% 的顾客参与了免费品尝活动，但在这些人中却有 30% 的人购买了商品。后者的转化率是前者的 10 倍！

这个道理说起来谁都懂，但是在实际工作中，大家还是会忍不住不断地增加选项、功能或界面，以为做的事情越多效果越好，内心也越有安全感，结果却往往并不乐观。好的设计师，往往都深谙人性，并且懂得如何和自己的人性做斗争。

图 6-35 为两款闹钟 App，一款提供了非常强大的功能，在设置闹钟时可以有多种重复方式：每天、每周的某些日子、每周的某些日子和第 × 组节假日、仅第 × 组节假日、每隔 × 日、每月的某日、每月第 × 周的某日……另一款只是简单地让用户选择每周几重复。如果是你，会喜欢哪款呢？

图 6-35　两款闹钟 App

设置第一款闹钟 App 时我几乎要疯掉，如此多的选项让我无所适从，操作效率大大降低。我根本搞不清楚"每周的某些日子和第 × 组节假日"是什么意思，也不觉得把闹钟设置为"起床闹钟""午睡闹钟""下班闹钟"有什么意义，只要它在设定的时间能够响就可以了。而在使用第二款闹钟时会觉得其简单明了，很容易操作。

但平心而论，如果你作为产品经理或设计师，你会愿意设计第二款闹钟 App 吗？还是更喜欢功能复杂、外观酷炫的第 1 款呢？这是值得所有设计者深思的问题。

将复杂操作转移给系统

每个过程都有其固有的复杂性，无论在产品开发环节还是在用户与产品的交互环节，这一固有的复杂性都无法依照设计师的意愿消失，只能设法调整、平衡。复杂性存在一个临界点，超过了这个临界点，过程就无法再简化了，你只能将固有的复杂性从一个地方转移到另一个地方。例如，想做菜就一定要洗菜、切菜，这个复杂过程是无法跳过的，但也可以选择购买已经洗好、切好的蔬菜，将洗菜、切菜的麻烦转移给商家。

同理，在交互设计中，如果已经到了临界点，可以将复杂操作转移给系统，让机器代替用户进行操作。

例如在 Google Maps App 中，如果用户想查询线路，就一定要输入起点和终点，这是无法省略的过程。但是在查询路线时，Google Maps App 会利用定位功能自动将起点定位为"我的位置"，减少用户的操作，如图 6-36 所示。

其实将复杂操作转移给系统，就是让机器变得更加智能，这是科技发展以来人们一直在做的一件事。无论是记录用户名和密码、自动识别用户 IP 所在的城市、自动补全等常见的交互细节，还是 Google Glass 智能眼镜、可以自动驾驶的智能汽车等高科技产品，都是通过增加工程师的工作量，将复杂操作转移给系

图 6-36 Google Maps App
定位"我的位置"

统，让软件变得更加简单、好用，让数以万计的用户减少额外的付出。

简化操作方式

回忆一下，十几年前人们是怎样使用手机的？想要选择一个功能，需要用"方向键"上下左右来回移动，当焦点移动到要选择的功能时，再按下"确认键"。而现在，人们使用智能手机时，想要选择哪个 App，直接用手指点击就可以了，操作流程大大简化了，如图 6-37 所示。

图 6-37 功能手机和智能手机

以前人们在浏览网页时，看到一个感兴趣的词语会怎样呢？我在一篇文章中看到一本书，叫作《佐藤可士和的超级整理术》，我并不清楚这本书讲了什么内容，想去了解一下。于是我选中这几个字，复制，在浏览器中新建一个标签页，打开 Google，在搜索栏中粘贴，单击搜索按钮。经过这一系列的操作之后，我终于在搜索结果页中看到了关于这本书的简介、评价、购买信息等。其实这整个过程也只是会耗费几十秒的时间，操作起来并不会觉得太难。直到有一天，我在使用 Chrome 浏览器时发现，在复制操作的下方，有一个"用 Google 搜索 ××"的选项，只需选择这一选项，浏览器就会自动弹出一个标签页，把我要的结果搜索出来。原先的"选中—复制—新建标签页—打开网站—粘贴—搜索"这一复杂的过程就变成了"选中—选择'用 Google

搜索 ××'"，只需两步轻松完成任务，如图 6-38 所示。

图 6-38　直接使用 Google 进行搜索

　　想想安装应用程序时 Windows 系统是怎么做的？让你去阅读安装许可协议，选择安装在哪个盘中，不停地单击"下一步"按钮，当中还会遇到很多高级选项让你琢磨并修改。而在 Mac OS 系统下，用户仅需要简单地拖拽，将图标拖到 Applications 文件夹中。也许没用过 Mac OS 系统的朋友永远都不会觉得在 Windows 系统中安装软件是件很麻烦的事，因为已经习以为常。但一旦用过这种简单直接的安装方式，便会由衷喜欢上它，如图 6-39 所示。

图 6-39　Windows 和 Mac OS 安装应用程序

降低门槛

　　很多时候，在产品的使用流程中，会有一些无法避免的门槛。例如一个交易类产品，若想完成使用，是一定需要登录注册，和绑定支付方式的；很多社区类产品，因为政策的要求，若想发表内容，是需要用户实名制的。登录、注册、绑定手机号、实名制、上传相关证件、付费、获取权限等，这些操作对于用户来说都是有一定门槛的，无论是操作的成本，还是对于隐私的担忧，都会使很大一部分用户在这些环节流失。那么有没有什么办法，提升用户面临这类门槛时的转化率呢？

一方面，可以降低操作门槛。以前在使用一款产品时，往往被要求选择登录或是注册，这时你可能会忘记，自己以前是否注册过，在尝试了几次用户名和密码后，不知道该选择"重新注册"还是"忘记密码"。现在很多 App 已经不再区分登录或注册，用户只需要填写手机号，系统就会进行判断。如果手机号未注册过，会生成一个新账号完成注册环节；如果已经注册过，填写验证码即可完成登录。这样的设计既减少了用户的思考成本，又将登录、注册合并为一个环节，降低了用户的操作成本。除此之外，现在大部分 App 还提供"选择其他登录方式"的功能，选择后通过其他 App 授权就可以完成登录或注册的操作。如图 6-40 所示。

图 6-40　登录与注册合一

另一方面，可以降低用户的心理门槛。例如在建立与用户之间的信任感后，再邀请用户进行更深一步的操作。试想一下，当你第一次打开某款 App，在还没有看到任何具体内容时，就让你去登录、注册，你会不会马上就想拒绝呢？就像线下商家在拉新时通常会让用户先试吃再决定是否购买。当人们有了真实的、良好的体验之后，往往会更加信赖你的产品。可以将门槛往后放，先让用户尽情使用不需要登录的功能和内容，通过一步步引导，在非常必要时再引导用户登录。

例如某款购买电影票的 App 无须登录，就可以任意浏览电影介绍、预告片等，只有用户真正想购票时，才需要登录。在选择影院的环节，提示"登录后可查看常去影院"；在选择场次的环节，提示"登录后可查看实际能享受的价格"。就这样通过"方便"和"优惠"，逐步引导用户登录。如果用户仍未登录，则会在用户选择购票后通过强引导的方式让用户登录，将门槛尽量后移，如图 6-41 所示。

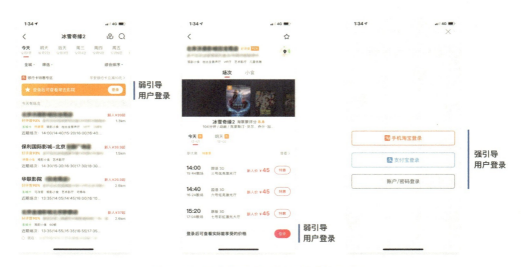

图 6-41　通过提前享受服务降低用户心理门槛

还有一种降低心理门槛的方式，是尽量详细地说明需要用户进一步操作的原因。例如某款地图 App，在获取用户定位、通知、麦克风权限前，首先说明了获取定位权限是为了提供精准的定位、路况及导航服务，获取通知权限是为了提供限行、出行咨询等信息，获取麦克风权限是为了让用户驾驶时可以使用语音助手，让驾驶更安全。从用户视角，说明了开启这些权限的益处。并在界面底部的小字处，说明了随时可以在系统设置中关闭授权，消除用户的担忧。在用户同意之后，再弹出系统弹出框，并在弹出框中进一步说明了在哪些情况下，会使用用户的位置信息，如图 6-42 所示。看似简单的两个界面设计，通过强化价值点、消除顾虑、让信息更透明，一步一步降低用户的心理门槛。

图 6-42　通过有效提醒降低用户心理门槛

优化操作过程

我上大学时，每次使用学校教务处系统都是一种煎熬。我好不容易填完了一个长长的表单，在提交前认真检查所填的信息，然后填好验证码并提交后，系统突然提示验证码填写错误，之前填写的内容全都被清空了。我不得不重新填写，这次会比第一次更加小心翼翼，生怕填错一个选项，但是填完后又出现弹出框，告知我填写学号需要区分大小写，关掉错误提示后填写的内容又没了。

操作中得不到反馈，发生错误后重新填写，比操作流程的冗余更加可怕。用户本来只需填写 1 次表单，在填写错误时只需修改一个选项，但糟糕的设计则需要用户填写 2 次甚至 3 次表单，这大大增加了操作的复杂性。界面中各种小细节的不足，就像公路上的减速带，降低了用户的操作效率。

提供合适的首选项、适时帮助、及时反馈、提供合理的默认值……这些细节的优化，可以防止用户出错，使他们能够更快、更顺畅地完成任务，如图 6-43 所示。

图 6-43　界面细节优化

　　iPad 在更新系统时，会提前检测用户 iPad 的电量，如果电量不足以支撑完成更新，会提示用户为 iPad 连接电源后再来更新，如图 6-44 所示。试想一下，如果没有这个提醒会怎样呢？用户花费了大量的时间更新，在更新到一半时因为没电而关机，不得不连接电源后重新更新，前面的时间全都浪费了。更新的过程虽然没有冗余步骤，但因为缺少预先提示而导致的重复操作也会使流程变得烦琐。

图 6-44　iPad 更新系统时的提示

因为简化复杂操作流程而获益的产品比比皆是。快捷支付使得很多支付类 App 的支付成功率大大提高；手机快速注册、使用其他社交网站账号登录也使很多网站的注册转化率大幅提升。如果一款产品能够巧妙地化繁为简，给用户带来更简便、更直接的操作流程，用户必然会更喜欢这款产品。

6.2.2　信息量太大，界面内容怎么摆放

设计师 A："产品主页内容已经很多了，但还是要加两个新功能的入口和两个活动推广，该放在哪里呢？"

设计师 B："一眼看上去界面里好像哪个都是重点，哪个都在吸引我的眼球，可是为什么反而觉得找不到重点呢？"

……

有人举过一个例子，"我们精心设计过的界面，在用户看来，更像是以每小时 100千米的速度驶过的广告牌。"实验表明，用户不会花很多精力来阅读，而只是扫描一下界面，来寻找能吸引其注意力的内容。然而设计师在设计界面时，总是会忽略这一点，觉得这个对用户有用，那个对用户也有用，想让用户看到更多的东西，不知不觉界面就已经被塞满了。

在实际工作中情况可能会更糟。由于运营的需要，设计师常常被要求在界面侧栏放一个新功能推广 Banner ；由于和业务方的合作，不得不在界面最显眼的位置放一个活动入口，尽管用户也许并不想看到这个活动。

设计师没办法控制界面上要呈现多少信息，因为这与产品和业务有关，但设计师们要保障信息的接受效果，掌握信息的展现形式。在界面信息量很大时，决定该如何组织这些信息。没有经过组织的界面就像摆满货摊的集市，杂乱无章，而经过精心设计的界面就像精品商场，秩序井然，如图 6-45 所示。

让界面层次清晰

如何规划界面的信息层级，让界面简洁易懂、有重点、有逻辑、有层次呢？

大家都知道，物体之间的相对距离会影响人对其组织方式的感知，如互相靠近的

物体，看起来是属于一组的，而那些距离较远的看起来就不是。

图6-45   摆满货摊的集市和精品商场

所以首先，可以将要呈现的大段信息分解成易于理解的信息模块，根据"用户想看到什么"和"我们想让用户看到什么"，为信息模块排列优先级。再根据用户的浏览习惯，将不同优先级的信息放置到相应的界面位置。

其次，在视觉呈现上，通过较大的间距、分割线和卡片，让用户能够区分不同模块，并突出模块之间的逻辑关系。逻辑相关的在视觉上分为一组（可以利用"接近原则"，将相关内容组织到一起，使界面之间的逻辑关系更清晰）；内容或重要程度不同的信息在视觉上体现出差异；逻辑上有包含关系的信息在视觉上进行嵌套。这样就形成了模块与模块、内容与内容之间的节奏感，使界面之间的逻辑关系更为清晰，如图

6-46 所示。

图 6-46　区分界面模块

　　除此之外，还可以通过样式区分，帮助用户辨别不同层级的信息。例如在资讯类 App 中，对于普通内容和推荐热门内容采用了差异化的表现形式。普通内容采用常规的列表形式，推荐热门内容采用更深的底色、更大的面积、不同的样式。这样既可以使界面灵活多样，减少用户的阅读疲劳，也可以更加突出推荐热门内容，如图 6-47 所示。如果都采取相同的表现形式，用户会看到满屏幕的文字列表或满屏幕的图片，不仅阅读体验不好，也不利于营销。

让重点信息"跳出来"

　　设计师可以通过"悄悄"地强化某些设计元素，如加大加粗文字、运用色彩对比、添加背景色、适度留白等，强调界面的重点信息；而把其他非重点信息尽量藏起来或是稍加弱化，从而使界面重点信息自然而然地"跳出来"。

　　图 6-48 所示是一个店铺的评论模块，对于商家的评价，用户首先想要看到的是综合评分，当看到自己感兴趣的内容时，才会仔细查看评论内容。所以此模块的设计，特别突出了综合评分；对于过长的评论则折叠部分内容，让用户在扫描界面时可以首先看到最重要的信息。

图 6-47　通过样式区分不同层级的信息

图 6-48　一个店铺的评论模块

例如图 6-49 中 Gmail 收件箱的界面。对于用户来说，未读邮件是更需要被优先看到的，所以其文字和背景色采用了更强的黑白色对比，同时加粗文字用来强调。而已读邮件是用户已经阅读过的内容，可以弱化显示，所以其文字没有加粗，并采用了较弱的黑灰色对比。

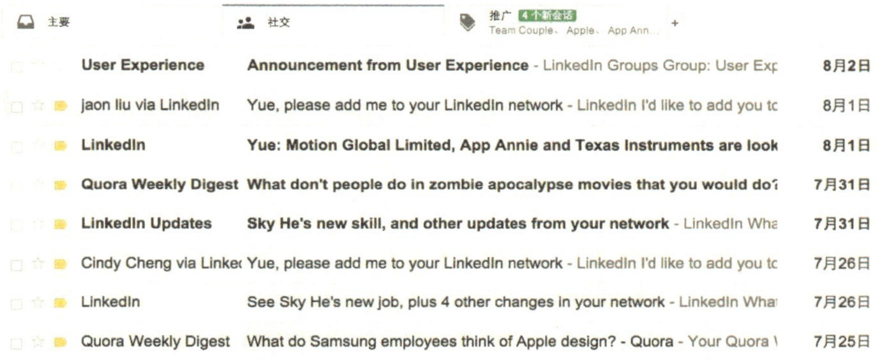

图 6-49　Gmail 收件箱

将次要信息"藏起来"

随着产品的发展、功能的增加，很多产品正在变得越来越臃肿，界面上的元素也越来越多。调查表明，80% 的用户只会使用 20% 的功能，所以设计师不应将那 80% 只有专家用户才会使用的功能放在显眼的位置。为了不影响新手和中间用户，应将那些次要的信息"藏起来"，待用户需要时再将它们展示出来。

例如 Google 首页，将 Google 的产品分为了 3 个层级：用户最常用功能放置在导航上；使用频率次之的功能放置在"更多"展开的菜单里；在菜单的最后还有一个"更多"，单击这里会跳转到 Google 所有产品的列表页，如图 6-50 所示。这种隐藏方式可以帮助大多数用户快速找到常用功能；在找不到时，也会自然地去单击"更多"，从而发现那些高级功能。试想一下，如果没有运用"隐藏更多"的策略，Google 的导航上该有多少选项，用户使用起来该有多么不方便。

又例如大量网站中出现的列表页，里面会展示大量信息，用户一般会通过快速扫描的方式捕捉关键信息。

图 6-50　Google 首页

　　在使用 Google 应用商店时，用户可能想要寻找某类 App，这时用户会使用搜索功能，快速扫描下有没有感兴趣的 App。当发现"猎物"后，用户会阅读更多的辅助信息以帮助决策。所以列表页起到的作用是"快速筛选、激发兴趣"。如果提供的信息太多，用户浏览起来会感觉很累，也许看完一屏之后就没有兴趣再看下去；但如果提供的信息过少，用户在看到"猎物"后还需要进行多次操作，通过新打开的详情页判断这是不是他想要的，多一步跳转就会多转移一次用户的注意力。

　　Google 应用商店使用了将次要信息"藏起来"的策略。当鼠标指针悬停在某个 App 上时，会显示 App 的评分、详情；当用户觉得这就是我想要的 App 时，可以通过快捷操作按钮直接将其添加到 Chrome 浏览器。隐藏策略不仅可以让界面重点信息更突出，减少复杂信息对用户的干扰，还可以减少跳转，帮助用户更便捷地操作，如图 6-51 所示。

图 6-51　Google 应用商店

6.2.3　理性的规划和感性的界面

设计师 A："我的思路绝对准确无误，但别人总觉得我设计出的东西少了点什么。感觉不怎么吸引人的样子。"

设计师 B："我设计的界面逻辑非常清晰，但用户很难理解上面的内容。"

设计师 C："在这个界面上是应该多放些图呢？还是多放些文字？还是用图文混排的形式比较好？哪种方式更容易吸引用户？到底怎么决定呢？"

通过确定产品定位、需求采集与分析、撰写需求文档、信息组织、任务流程设计、绘制草图等一系列理性的步骤，终于可以得到界面的雏形了。但是在细化一个个具体的界面时，设计师又常常陷入各种细节无法自拔。例如界面内容如何排布？图片应该大一些好还是小一些好？按钮放左边还是右边？对于功能类似的表单，可以在视觉效果上做成完全一样的吗？……

为什么会出现这种状况？这是因为在做设计的过程中，设计师需要用到不同的思维方式。在需求分析、任务流程设计、信息架构、导航、操作逻辑等阶段，设计师需要关注逻辑性，使用偏理性的思维方式。如果你的设计思路是清晰的，你给用户的指引和操作路径才可能是清晰的，这样用户在使用你设计的产品时就不会感到迷惑并能快速达到自己的目标。而在进行界面细节设计时，设计师又需要使用偏感性的思维方式。因为用户使用产品时是相对感性的，他在使用你的产品时不会刻意思考，而是通过感觉来判断你的产品是否适合他。所以设计师需要通过界面投其所好给用户营造一个良好的印象，这样用户才有可能对产品感兴趣，并尝试去操作。

大家一定遇到过这种场景。你饥肠辘辘，想赶紧找个地方吃饭，看到一家饭馆就冲了进去，结果发现里面灯光昏暗、顾客稀少、服务人员态度冷淡，你顿时没了食欲，飞快地逃离。然后你又进入了旁边的一家饭馆，里面整洁明亮、人头攒动，每个服务人员脸上都挂着笑容，墙上贴着各种特价菜的介绍，并且价格适中。于是你立刻找位子坐下，招呼服务人员点菜，然后等菜、吃饭、结账，最后满意地离去。

从这个例子可以看出，印象是第一位的。如果你第一眼看到的界面并没有吸引你，那么你很可能会离开这个产品，即使这个产品所有的操作流程都设计得非常顺畅。

那么，如何让用户被你的界面吸引，并愿意通过操作来完成任务？首先要了解用户，知道用户想要的是什么；其次要保证界面逻辑没有明显错误，可以帮助用户顺利完成任务；最后要力求让设计形式符合用户的心智模型，让用户充分地感受到"人性化"。

不同类型的用户诉求

总的来说，互联网产品中信息的组织和分类，要满足下面 3 种情况：帮目标明确的用户快速找到所需信息；帮目标不确定的用户，通过浏览和寻找逐渐明确自己的需要，最终找到信息；帮没有目标的用户在探索中激发需求。

图 6-52 为大众点评 App 首页。有明确目标的用户，可以通过搜索框快速找到特定商家；有大致目标的用户，可以使用界面上方的分类，选择美食或是电影演出，在特定的类目中寻找需要的信息；没有目标的用户，可以浏览界面下方的 feed 流，看看大家推荐的美食或是景点，在"闲逛"中激发需求。

图 6-52　大众点评 App 首页

再举一个新闻资讯类产品的例子，如图 6-53 所示。大部分用户浏览新闻界面时并没有明确的目标，只是想知道最近发生了什么事情，所以界面中的大部分内容是为这部分用户考虑的；有明确目标或对某类信息感兴趣的用户，可以在界面上通过搜索框或分类找到他们想要的信息。

结合不同场景考虑不同诉求

不知道你有没有注意到，电子商务产品的收藏夹和购物车界面的内容非常类似，都包含了图片、商品名称、价格等元素。所以有的产品为了省事，就把收藏夹和购物车设计成同样的样式。但为什么淘宝 App 的收藏夹和购物车有很大差别呢？如图 6-54 所示。

图 6-53 某新闻资讯类产品首页

图 6-54 淘宝 App 的收藏夹与购物车

这是因为淘宝 App 考虑到了用户的使用场景和心理感受。如果用户对商品感兴趣，但又不急于购买，就倾向于把商品放到收藏夹中；如果用户的购买意愿较强，就会倾向于把商品放到购物车中。所以收藏夹需要适度地突出图片、人气等内容，吸引用户购买；而购物车则应尽量简洁明了，不过多干扰用户，方便用户迅速下单。

吸引无目标的用户

对于无目标或目标不明确的用户来说，设计师不能用理性、逻辑的思维方式来对待，而是要充分地换位思考，用感性的思维方式给他们营造贴心、友好、有吸引力的界面。

图 6-55 为多年前的新浪微博登录界面。对于有微博账号，想要登录微博浏览信息的用户，这个界面的逻辑没有任何问题。界面没有太多干扰信息，用户可以快速找到登录框，完成操作。对于没有微博账号想要注册的用户，界面也提供了明显的"立即注册"按钮。而对于那些听说过微博，但不知道它是做什么的，没有账号，想要了解，又懒得注册的"闲逛型"用户来说，这个界面的内容完全无法吸引他们。这部分用户很可能会因为无法了解更多信息而流失掉。

图 6-55　多年前的新浪微博登录界面

现在的新浪微博首页则做出了很大的改进，同时照顾到了不同需求的用户，如图 6-56 所示。

改版前后的 Flickr 注册页，如图 6-57 所示，哪个逻辑更清晰呢？显然是改版前，里面提供了明显的"立即注册"按钮，明确地告诉用户注册 Flickr 后可以上载、发现和分享照片。但哪个更吸引人呢？肯定是改版后的。高质量的照片墙告诉用户，在这里有很棒的摄影作品，被吸引的用户还可以查看详情，继而看到收藏、评论、分享等功能。

图 6-56   现在的新浪微博首页

改版前

改版后

图 6-57   Flickr 注册页改版前后

以前很多公司会把"交互设计师"和"界面/视觉设计师"严格区分开，认为交互设计师偏理性，界面设计师偏感性。然而现在两者的边界越来越模糊，很多公司也不再分别设置这两个职位，而是融合成"用户体验设计师"。这就要求**设计师既要保持理性的思考，又要擅长感性的传达，还要懂得分辨使用这两者的场合**。如果不能及时调整思维方式，没有在不同的设计阶段运用适当的思维方式，就会出现痛苦而不必要的纠结状态。

符合用户的心智模型

在设计过程中，设计师要充分考虑到用户是如何理解产品的，并在表现形式上更贴近用户的心智模型，而不是将枯燥的逻辑直接呈现给用户。

图 6-58 为两款天气类 App，从逻辑上看，第一款 App 似乎更加清晰：用最大的数字表明今天的天气情况，用列表表明未来几天的天气状况，用户理解起来应该不存在任何问题。但用户在看到这个界面时，可以感觉到今天很热，明天会更热吗？虽然可以通过数字对比出近几天的温度，但感受上并没有那么直接。而第二款 App，通过颜色的变化和数字的高低，让用户直观地感受到天气的变化趋势。仔细观察还可以发现，界面背景有向下波动的波纹，让用户更加明确地感受到，气温是在下降的。

图 6-58　两款天气类 App

人不仅具有理性，也具有感性，这导致人们的目标、期望、行为习惯等和逻辑往往存在偏差。过于关注逻辑可能会偏离用户目标，最终导致产品易用性受到影响。但不是说逻辑不重要，正确的逻辑设计可以保证产品是可用的，只是未必易用。不要"过于"追求界面上的完美，平衡好用户情感与界面逻辑的关系，才能设计出友好而易用的界面。

这样就够了吗？ No！设计师是一群追求完美的人，在友好、易用的基础上，还要抓住用户的心，让产品深深地吸引用户。具体怎么做呢？请看下节内容。

6.3   捕获用户的芳心

6.3.1   来自真实世界的灵感

看到钢笔、铅笔盒、小学时的语文课本，人们会很容易回忆起童年时的情景；看到卡带、录音机，人们也会想起小时候听歌时的样子。这些物品会激发人们记起回忆中的场景。西格蒙德·弗洛伊德（Sigmund Freud）的精神分析法说，真正影响用户显性人格的并非是理性，而是在各个生理时期形成的潜意识因子。如果界面的设计元素可以呼应这些现实世界中的潜意识因子，勾起用户的回忆，引起用户的共鸣，那么用户看到界面时就能够产生认同感和情绪体验，从而更有意愿进行后续的操作。

拟物化的视觉

最直接的借鉴现实世界的设计方式就是拟物化。通过模拟现实中的物体，使用户产生熟悉感，让信息与功能更加易于识别和理解。随着苹果产品的风靡全球，拟物化成了很多产品调动用户情感的设计方法。

有些产品会从形态、色彩、肌理材质、环境光照等方面直接拟物。逼真的视觉效果，打破了用户对虚拟界面冷冰冰的印象，让用户感觉自己好像在使用现实生活中的物品。如iOS 6系统中备忘录的设计，细腻地模拟了皮革和纸张的材质，光照、边角、装订线、画笔圈出的效果都表现出了真实世界的肌理材质，让用户看到就有一种亲切感和熟悉感，不需要指引就知道该如何使用，如图6-59所示。

图 6-59　iOS 6 系统中的备忘录

　　Evernote Food 是一款帮助用户记录美食的 App，精致的寿司图标传达出产品对于美食精巧工艺的追求。逼真、质感细腻的食材和餐盘，体现出产品追求高品质饮食文化的内涵。Moves 是一款记录用户每天运动状况的 App，用户只要随身携带装有该 App 手机，它就可以自动记录并统计人们每天走路、骑车、跑步的时间、里程和热量消耗情况。拟物化的图标设计，传达出该 App 独特的使用方式：用户只需将手机装在口袋里，就能够养成更加健康的生活方式。当人们看到 PuddingCam 的图标时，不用解释就知道它一定是一款拍照 App，因为富有光学质感的镜头图标，已经成了摄影类 App 的标配。这些拟物化的图标既让用户感觉亲切，还能快速理解产品的用途，一举两得。如图 6-60 所示。

Evernote Food　　Moves　　PuddingCam

图 6-60　拟物化的图标

　　最初的拟物化设计是为了降低用户的学习成本，引导用户正确操作。然而随着人

们对电子产品的接受程度越来越高，慢慢地就不再需要拟物化的引导了。此外，界面
细节过于复杂，也会让用户感觉很累，尤其是在现在这个信息爆炸的时代。因此近些
年，大众审美逐渐从拟物化转向扁平化。

那么拟物化是不是已经过时了呢？不是的。注重效率的 App 可以设计得尽可能简
洁，以帮助用户快速完成任务。但是对于那些娱乐类 App 来说，人们对于情感的追求
永远不会消失。拟物化并不意味着一定要 100% 还原物理世界的真实质感，抽象出物
体中最有特征的部分，将繁复的视觉元素进行简化处理，一样可以设计出既简约又可
以调动起用户情感的产品。

图 6-61 中两款音频播放类 App，左边 Podcast 的播放界面模仿了磁带录音机的各
个部件，试图最大限度地还原实物的质感，但是视觉元素过于复杂，反而给用户带来
了认知负担。图 6-61 右边网易云音乐的播放界面没有将留声机的所有部件都照搬到
界面上，而是提取了最有特征的两个元素：唱片和唱针。在调动起用户复古情怀的同
时，也保持了界面的简洁。

图 6-61　抽象出部分特征的拟物化设计

图 6-62 是一款天气类 App Hue。当你第一眼看到它时，一定会觉得它的设计风
格是扁平化、简约化的。但是如果你仔细看，会发现 Hue 的设计灵感同样来自真实世
界。Hue 中不同的天气会有不同的颜色，晴天是橙红色的，阴雨天是不同程度的蓝色

的，与现实中不同天气给人们的感觉是一样的。

图 6-62　提取色彩特征的拟物化设计

由此可见，拟物化与扁平化并不是完全对立的，通过借鉴现实生活中的物品或感受并提取其特征，也能在情感和效率之间达成平衡。

隐喻化的操作

拟物化的界面设计其实有一定的局限性，因为并不是每种界面中的元素都可以在现实中找到对应的物品。但是设计师还可以通过模拟现实中的操作，使用隐喻的方式让用户感到熟悉。《iOS Human Interface Guidelines》里面是这样解释隐喻对体验的影响的：当 App 中的可视化对象和操作与现实世界中的对象与操作类似时，用户就能快速领会如何使用它。

例如很多手机 App 的设置界面，都设计在主界面的背面。当点击设置按钮时，主界面采用翻转的动效，与设置界面形成一种空间关系。这样的设计很容易使人们联想到现实生活中一些机器的设置，如调整闹钟时间的设置开关在闹钟背面，相机的设置按钮也在相机背面。iOS 系统中设置开关的设计，也模拟了现实世界中电灯开关的操作方式，拨动一下打开，再拨动一下关闭，如图 6-63 所示。

图 6-64 是一款资讯类的 App，用户可以去摸、去翻动、去旋转界面上的"卡片"，这些卡片不会凭空消失，而是随着用户的移动而移动。看似扁平化的设计，实际也是对"真实世界"的一种映射和模拟。

图 6-63　隐喻现实世界操作的设计

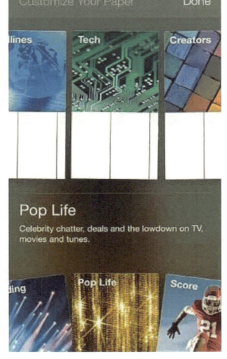

图 6-64　卡片式隐喻设计

6.3.2 贴心的设计惹人爱

不知道住在高层的朋友们有没有遇到过这样的烦恼：电梯门打开时，一条大狗吐着舌头迅速窜出来。爱狗的人可能会觉得很可爱，但是怕狗的人遇到这种情景也许会尖叫一声，退出电梯，心中一阵惶恐。如今一些小区的电梯上出现了"宠物按钮"，按钮上有一个狗狗的图案，宠物的主人在乘坐电梯时只要按下此按钮，电梯外面的显示面板上就会有提示，怕动物的人看到这样贴心的提示可以提前做好心理准备，防止与宠物发生冲突，如图 6-65 所示。

图 6-65　设计贴心的电梯宠物按钮

这样人性化的设计解决了人与宠物的矛盾，得到了居民的好评。在互联网产品设计中，贴心的设计同样可以捕获用户的心。

可控的感受

在大街上遇到红灯时，如果没有倒计时，等待超过半分钟人们就会觉得很焦躁。如果遇到有倒计时的信号灯，情况就会好很多。在飞机晚点时，人们经常会去询问还有多久可以起飞，就算是被告知还有两个小时，人们也会觉得心里有所预期；最怕的就是被告知时间不确定，未知和不可控的情况总会令人不安。

调查表明，如果界面上没有任何提示，80% 的用户等待超过 2 秒就会直接关闭窗口；如果界面有提示或是加载状态，会使用户安心很多，用户离开的概率就会大幅降低，如图 6-66 所示。

图 6-66   加载状态增强用户可控感

为了增强用户的可控感，界面上还需要有一些提醒信息，向用户透露接下来将要发生的事情，帮助用户建立预期。可以通过收集用户操作行为及反馈，正确地预计未来可能出现的问题，并提前采取措施或提醒用户，将可能出现的风险消除在萌芽状态。

例如在写笔记时，不小心关闭了浏览器窗口，系统弹出提示，让用户确认是否要离开界面，以避免用户因为误操作导致重要信息丢失，如图 6-67 所示。但如果系统没有提醒用户，那就像是在公路上开车，前面有个坑，却没给出任何警告。

图 6-67   Evernote 关闭窗口时的提示信息

很多即时通信类 App 会为用户展示对方的状态，如显示对方是否正在输入，或对方是否已读消息。这样的设计可以缓解等待的焦虑，给用户一种期待，增强可控的感受，如图 6-68 所示。

对方正在输入　　　　　　　　　　　　　　　　　　　对方正在输入

图 6-68　即时通信类 App 为用户展示对方状态

积极的反馈

人们在做出表达之后，总是希望得到积极的反馈。想象一下，如果在操作之后系统长时间没有响应，用户就会有种和人交谈却被忽略的感觉，怀疑自己的操作是否正确，这种感觉令人沮丧。当用户操作有误时，如果系统直接给出红色叉子的错误提示，也会令人感到挫败。当用户成功完成某项操作时，系统是否赞美鼓励过他们呢？人们在社会交往时具有的期望，在使用互联网产品时也会有。积极的反馈可以增强用户的信心，提升用户的愉悦感。

新手用户是最需要积极鼓励的。试想一下，如果你第一次在摄影网站上传了照片，成功之后界面上出现一个微笑的小人，鼓励你说"嘿，你太棒了！摄影爱好者们一定会喜欢你的作品！"这时，用户就像是得到了朋友的夸奖，一定会更有兴致，上传更多的照片。时间管理类 App iHour 在用户新建第一个任务后，会奖励用户一个闪闪发亮的奖章，以增加用户的成就感。如果用户坚持使用，还会获得更多的奖章，以此激励用户继续使用下去，如图 6-69 所示。

Lumosity 是一款训练用户记忆力、注意力、应变力等大脑核心能力的移动 App。通过鼓励用户坚持每天完成一系列益智训练的小游戏，帮助用户提升大脑的能力。为了使用户增强信心，坚持每天锻炼，Lumosity 在每一个环节都给予用户积极的反馈。在完成游戏的每个小关卡时，闪动的绿色对勾告诉你离成功又近了一步；完成一个游戏时，会弹出"你太棒了"或"继续加油"等鼓励的话语；当用户完成一天的任务时，Lumosity 用一个大大的对勾符号祝贺用户完成了训练。这一系列的积极反馈，都让用户感到信心倍增，加快了他们完成任务的速度，如图 6-70 所示。

图 6-69   鼓励新手用户

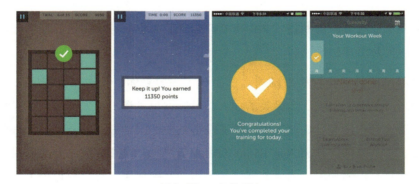

图 6-70   积极的反馈

图 6-71 是一款帮助用户节食瘦身的 App，它在界面下拉的地方巧妙地设置了一个小彩蛋。用户每次下拉界面，都会看到一句鼓励继续坚持减肥的话语，"继续坚持下去，这一切都是值得的""相信你自己""保持积极"，这些鼓励的话语可以调动用户坚持下去的积极性，在节食瘦身期间保持动力。

图 6-71　通过文案鼓励用户保持动力

贴心的提醒

在使用产品时，用户难免会有遗忘或是疏忽的时候。此时给予用户一些贴心的提醒，可以提升用户对产品的好感。

登录网站是很多人每天都要做的事情。当人们清晰地记得用户名和密码时，登录网站只需要花费十几秒的时间。但如果有一天，你在使用一个不常登录的网站时，发现自己忘记用户名是邮箱还是昵称，甚至根本想不起来自己到底有没有注册过，你也许会选择重新注册，又或是干脆放弃登录。这样的经历不仅会让用户感到沮丧，还会降低网站的转化率。

看看问答网站 Quora 是如何通过贴心的提醒来解决用户登录问题的。在用户刚刚打开网站准备登录时，在用户名输入框内会提示用户名类型是邮箱。用户可能会在很多网站注册，每个网站都有不同的用户名，但一般每个用户的常用邮箱数量并不会太多。提示用户名类型虽然是个不起眼的小细节，但却可以帮助用户快速试出自己的用户名。当输入邮箱后，Quora 会及时校验这个邮箱是否注册过。如果邮箱有误，登录框下面马上会出现提示，告诉用户此邮箱还没有注册，并提供注册的链接入口。如果是注册过的邮箱，Quora 会在输入框前直接显示出用户头像，以一种可视化的方式，帮助用户确认信息，并在密码输入框的下方提供找回密码的链接，如图 6-72 所示。

这样，用户在登录时就会很清楚地知道，自己的邮箱是尚未注册，还是注册过但忘记了密码。这样人性化的提醒方式，帮助用户解决了很多登录过程中会遇到的问题。

图 6-72 Quora 登录界面细节处理

在发送电子邮件时，忘记添加附件或忘记写主题是人们常犯的错误。如果是很重要的工作邮件，这样的疏忽也许会造成严重的影响。如今很多电子邮件系统都会在用户发送邮件之前帮用户检查并提醒用户。例如用户在邮件内容中提及了"附件"两个字，却又没有添加附件，邮箱会自动提醒用户"邮件中显示您可能希望发送附件，但实际没有任何附件，您确认继续发送吗？"对于没有填写主题的邮件，系统同样会弹出提醒，如图 6-73 所示。这些无微不至的提醒，及时让用户避免可能出现的疏漏。

图 6-73 发现用户可能出现疏忽时的提醒

图 6-73 发现用户可能出现疏忽时的提醒（续）

除了运用文字直接提醒用户，还可以通过界面元素状态的改变给予提醒。例如很多新闻阅读类客户端，会通过改变已读文章的颜色、降低其饱和度，提醒用户不要过多关注已经阅读过的内容。在 iOS 7 系统中，最新更新过的 App 名称前方会出现一个小蓝点，提示用户哪些 App 是刚更新过的。在电子邮件 App Seed 中，未读邮件会用绿色的文字和圆点明显标出，提醒用户这些消息是还没有阅读过的，如图 6-74 所示。

已读文章　　　　　　最新更新　　　　　　未读邮件

图 6-74 通过改变状态提醒用户

这些小小的变化，既可以降低用户的认知负担，还能提醒用户哪些是可以快速略过的内容，哪些是需要关注的重要信息。

6.3.3　如何调动用户的情感

产品通过功能满足用户需求是重要的，让用户轻松学会并顺利使用也是重要的，但更重要的是，让用户感到愉悦并深深地吸引用户。

如何才能调动用户的情感，让用户在与产品互动的过程中产生积极正面的情绪，从而爱上产品呢？

互动的乐趣

人类是社会化的动物，在意情感的双向表达，而不是单向接收信息。在使用互联网产品时，无论是灵动的交互动画、操作后的反馈效果、误操作时的提示，还是像对话一样亲切的文案，都在满足用户的参与感和自尊感。

丰富的动效可以使界面更加生动、充满活力，也可以提升产品的品质感。在 Path 2.0 刚刚上线时，我经常没事就会就打开 Path，点击首页左下角的小叉号。新颖的导航形式和动态效果令人爱不释手，总忍不住想多点几下。风靡一时的待办事项类 App Clear，最大的卖点就是自然的手势操作和有趣的交互动效。新建事项时，新的条目会以折纸的方式打开，上下左右滑动和打开捏合的动效都十分流畅。虽然待办事项类 App 层出不穷，但 Clear 还是凭借独特的动效和视觉效果赢得了 iPhone 用户的青睐。像这样具有完美动效的 App 还有很多，如一款名为 ARTREE 的手机 App，用户可以在屏幕上随意画出树干的形状，在宁静美妙的音乐背景下，你所画的树干上会长出树枝和花朵。富有艺术感的图案配合精致的动效，令用户爱不释手，如图 6-75 所示。

除了丰富的动效外，有人情味的文案、图案或声音也非常的重要。大家经常看到手机 App 里各种有创意的闪屏界面、幽默又友好的 404 界面、提示框中精细设计过的文案、有问必答的 Siri……想想最早的 DOS 命令界面，再看看如今的界面，机器与用户的对话方式更加自然化和情感化了，这些令人们感到舒服的产品细节，都让人们有一种和朋友互动的感觉，如图 6-76 所示。

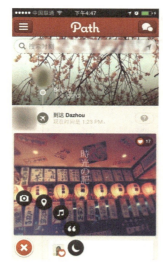  

图 6-75　精致的动效设计

图 6-76　生动有趣的 404 界面

惊喜的力量

　　有些产品会刻意在一些小角落中暗藏惊喜，这些彩蛋虽然在功能方面没有什么实际的用处，但用户偶然发现后，不仅增添了一份超出预期的喜悦和乐趣，还会引发用户更大的好奇心，增强他们的探索欲望。这让我想起了小时候玩超级玛丽误打误撞顶到隐形蘑菇时的惊喜。在之后每次玩的时候，都要再去相同的地方寻找那个隐形的蘑菇。

微信中就有很多让人津津乐道的彩蛋。在聊天时发送特定关键词，如"生日快乐""想你"时，会触发绚丽的背景特效。在特定节日时，也会有新的彩蛋或表情设计出炉，在不打扰用户的情况下给人们带来一些小惊喜，如图 6-77 所示。

图 6-77 微信彩蛋

在某年的圣诞节，Google 也在搜索中隐藏了一个小彩蛋。在 Google 中搜索"Let it snow"，屏幕上就会飘起雪花，非常有圣诞的气氛。随着雪花越来越多，屏幕上还会"结霜"。此时，用户可以在屏幕上创作图案，就像在结了霜的窗户上画画一样，如图 6-78 所示。虽然圣诞节未必下雪，但贴心的产品让你不会错过任何一个下雪的圣诞节。

这些令人惊喜的小细节，会让用户深深记住这个产品及其愉悦美好、超出预期的体验，并愿意将这些体验分享给他人。

情境的烘托

为产品设计一个故事情节，并通过视觉、动画、音效、文字的烘托，把用户带入特定情境中。这种讲故事的方式能够有效吸引用户的注意力，从而快速调动起用户的情感。

图 6-78　Google 的彩蛋

　　情境烘托很适合用在活动界面的设计中。活动界面一般空间较大，可以设置一个完整的故事。如果选择人们比较有共性的经历，就很容易勾起用户的回忆。

　　QQ 便民的充值中心在春节期间设计了一个活动界面，如图 6-79 所示，选取了春运、年终奖、打电话拜年等过年时常见的场景，对彩票、充话费等业务进行推广。它希望通过人们熟悉的场景，引起用户共鸣，将推广活动融入用户的生活环境中。生动

图 6-79　QQ 便民的充值中心春节活动界面

夸张的视觉形象，也增强了界面的趣味性。这种将业务转化为用户记忆中的情景的方式，既契合了用户的心理，又不会使推广活动显得突兀。

Ben The Bodyguard 是一款保护手机隐私的 iPhone App，产品设定了一个手机私家保镖 Ben 的角色，让他时刻保护着手机的安全。这款产品的 Web 官方介绍界面让这名私家保镖穿梭在黑暗的街道上，他会一边行走一边告诉用户"现在是一个危险的时代""如果有一天你的手机被抢了，手机中的秘密将会公之于众""我可以保护你，无论是你的照片、密码，还是其他"。随着故事情节的发展，用户将沉浸其中，慢慢了解这款 App 的功能特色，如图 6-80 所示。

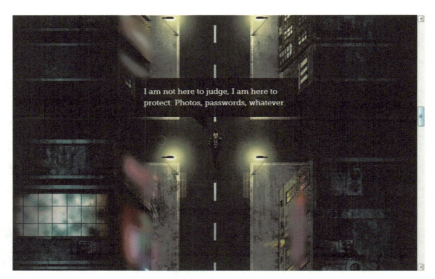

图 6-80　Ben The Bodyguard 官方介绍界面

需要注意的是，随着互联网的不断普及，网络上的信息和花样也越来越多，用户已经不堪其扰。因此**近些年，界面设计风格不断向扁平化、简洁化过渡**。在这种情况下，如何进行情境烘托呢？

给大家介绍一种近期很流行的方式：通过有趣的文案，将产品优势、卖点和人们的生活紧密结合起来，从而引发大家的共鸣。这样做的好处是既不需要消费用户过多的注意力，也方便传播，特别适合现在这个"互联网快餐时代"。

　　例如支付宝"宝呗青年"系列文案，如图 6-81 所示，通过一连串的语录，形象地描述出年轻人的梦想和心声，同时巧妙地把余额宝和花呗的特性融入其中。相信这套文案一定会非常打动年轻人。

　　这种趋势的变化，不仅影响了最近几年的界面设计风格，也推动了职业的演变，促使界面设计师不得不更多地向"体验"靠拢，而不是花大量精力在设计细节上。这种趋势的变化让过去的界面设计师和交互设计师无缝衔接成"用户体验设计师"，让设计师不再以职能为导向，而是以用户为中心，同时平衡好商业利益来做设计。

图 6-81　支付宝广告文案

动效的妙用

　　如今动效设计越来越受到重视，一个优雅、流畅的动效，已经成为很多优秀 App 的标配。

　　首先思考一下，为什么要设计动效？是为了好看、酷炫，还是流行？这些当然都是，但是最重要的是，**有意义的动效，可以解释 App 的逻辑、层次和交互机制**。例如 iOS 6 系统中删除照片的动效，照片飞入垃圾桶，然后垃圾桶盖上盖子抖一抖，非常生动地传达了删除照片的含义。

　　最典型的利用动效表现产品逻辑的例子就是转场动画了，大家对这样的画面一定不陌生：进入下一层级界面，一般从右侧覆盖进入；返回上一层级界面，一般会向右侧滑动退出。这种转场动画很好地营造出产品的空间感和逻辑感。

图 6-82 是一款基于地理位置的交友 App，用户可以在其中发起一个聚会，如吃饭、喝茶、运动或者其他。当用户选择了"就餐"，其他选项会收缩淡出，"就餐"图标移位并变成地图上的一个图钉。"就餐"图标的变化过程可以将前后两个界面无缝衔接起来，阐明了基于地理位置的筛选机制，表达出"在这个位置就餐"的明确概念。在地图界面中点击"OK"按钮，界面元素淡出，地图整体向后退去，融入雷达一样的动效当中，圆形扫描区域所代表的就是以用户当前位置为中心的半径为 50 千米的范围。这一连串的动效，实现了界面之间的平滑过渡，也阐明了 App 所要表达的逻辑。

图 6-82　用动效表达逻辑

视觉设计可以还原物理世界的真实感，动效也可以。例如 Flipboard 的翻页动效，给人一种翻硬纸板的感觉；iBooks 的翻页动效，给人翻阅柔软纸张的感觉。通过动效模拟不同的材质效果，既给用户带来真实的感觉，也让用户对产品有了独特的记忆，一举两得，如图 6-83 所示。

由于用动效表现材质符合真实世界的操作规律，因此并不会增加用户的视觉负担，所以就算拟物化的视觉设计已经逐渐退出历史舞台，具有真实意义的动效却依然得以保留。

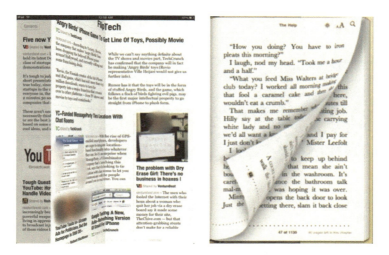

图 6-83　用动效表现材质

　　细节处的小动效还可以为产品增加亮点，为用户带来惊喜的体验。就像 Instagram 点赞的动效，红心飘起来时，就像飞了一个吻，让人感觉心花怒放；取消点赞时，心立刻就碎了。这种小细节让人爱不释手，如图 6-84 所示。

　　利用动效速度的微妙变化，可以表现出 App 的风格。快速可以体现灵活轻盈，慢速可以体现优雅委婉。如卯榫体现传统文化，动效缓缓优雅。Slingshot 是一款"阅后即焚"的即时通讯 App，快速的动效体现了它敏捷迅速的风格。如图 6-85 所示。

　　无论是快是慢，两款 App 的动效都有慢入慢出的效果，体现出真实世界物体的惯性规律。不同的动效节奏会给用户带来不同的感受，但运动规律应该遵循现实的运动规律和节奏，如先快后慢、先慢后快、匀速、自由落体等。

　　设计师在设计动效时，如果想追求极致的效果，可以先通过专业的软件（后面会具体介绍）做演示，然后再跟开发人员认真沟通，可能中间还需要多次修正，最终才能达到理想的效果。例如网易云音乐播放界面中的唱片转速，前后微调了 20 多次才确定下来。正是这种"慢工出细活"的态度，使这个动效成了业界经典，令人印象深刻，如图 6-86 所示。

图6-84　小动效带来的惊喜体验

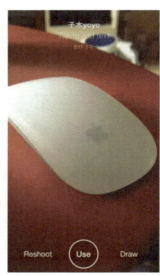

图6-85　细节动效设计　　　　　　　　　图6-86　网易云音乐唱片旋转动效

6.4　快速表达设计师的想法——纸面原型

使用纸面原型的目的

　　设计规划是一个承前启后的阶段，在有了初步的设计构想之后，还需要尽可能表达出来，与团队其他成员沟通。那么现在是否可以打开计算机，绘制产品原型图了呢？先别着急，如果这个时候开始画图，依然会使设计师过早地陷入设计细节，不自觉地考虑界面的尺寸是否符合栅格，每一行展示 4 个还是 5 个商品，按钮是否需要 3 个状态……就算是相同的任务流程、信息架构，也不会只产出一个设计方案。

　　为了尽可能发散创意，需要尽量简单快速地表达想法、节省时间、提高效率，这样才更有可能找到最优的设计方案。纸面原型就是快速表达创意的一个好方法，它简单方便，只要有纸和笔就可以随时随地记录表达，无须考虑格式和规则。

　　使用纸面原型的目的不是交付，而是沟通、测试、尽快地解决那些不确定的问题。纸面原型更具可塑性，可以快速修改和重建，可帮助设计师探索尽可能多的想法、否定掉不靠谱的想法。设计师只要有创意，就可以快速画出草图，与项目相关人员沟通；只需要很少的时间就可以收集到反馈，验证设计的可行性；最终确定出最合适的设计方案，再进入下一个设计表现阶段。

　　使用纸面原型还有一个好处：当团队成员已经通过纸面原型确定了大致的设计方案时，也就同时确定了产品的框架、主要流程、基本功能和信息等。对于一个经验丰富的设计师来说，具体的设计方案已经成竹在胸，接下来可以每细化完成一个界面就交付给开发人员，而不必等到全部内容都细化成标准界面后再交付，这极大地提升了工作效率，缩短了项目周期。

使用什么工具

　　纸面原型不需要什么高级的工具和复杂的技巧，可繁可简。可以使用最简单的笔和纸，快速画出草图。如果希望表达出界面的逻辑，可以使用马克笔、双头画笔等，运用粗细不等的线条和阴影关系，画出界面的层次关系；如果希望页面尺寸更准确，还可以使用尺子等工具；如果想表达出交互效果，可以使用便笺纸和小卡片，把它们当作提示气泡、弹出层、模态窗口、界面标注工具等，贴在绘图本的任何地方。

如果界面上出现了利用率很高的标准组件，而你又不想一次又一次地重复绘制，可以在网上找到标准原型组件库，然后将它们打印出来，剪裁成模块贴到界面框架中，与手绘草图配合使用。

如果是团队协作，可以在白板上进行绘制，便于组织讨论和收集反馈。别忘记最后对白板上的结果进行拍照保存。

由于纸面原型快速灵活，有些创业公司甚至已经抛弃了电子版的高保真原型，直接采用纸面原型作为设计师的最后交付物，这对于纸面原型的保真度就有了更高的要求。现在在市面上可以买到成套出售的纸面原型工具，包括绘图模板、设计绘画本、图标模具、标准原型组件等，让设计师事半功倍，如图6-87所示。

图6-87　纸面原型工具（图片来源于网络）

需要关注什么

纸面原型可以看作是最终设计方案的雏形，最需要关注的是框架、流程、基本功能和内容，可以先忽略设计细节。

在前面的章节中，大家已经对需求、任务、信息、操作等内容有了一定的了解，纸面原型需要把这些串联起来。对于界面的逻辑关系，可以用绘制的内容的深浅和颜色来表现。对于界面上需要特别突出的信息，可以适当添加颜色，但切记不要使用过多，否则有可能会分散注意力，导致无法把精力集中在最重要的关注点上，如图 6-88 所示。

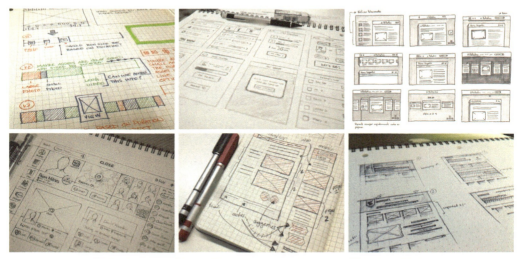

图 6-88　纸面原型关注框架、流程、基本功能和内容（图片来源于网络）

对于移动 App，还可以用纸面原型来表达动效。通过纸张的折叠和左右移动，可以模拟手机中的下拉、滑动分层等各种动效。还可以通过纸张的层叠关系，表现出界面的逻辑，如图 6-89 所示。

如果你觉得纸面原型难以直观地表现动态效果，可以使用"POP - Prototyping on Paper"和"快现"这两款手机 App。设计师只需将纸面原型拍下来，放到这两款 App 中，选取特定的区域添加手势操作和链接，就可以实现界面的跳转、切换等效果。这样设计师就再也不用费力地向项目组成员解释点击这个按钮会跳转到哪里，侧滑这个界面会呼出哪个界面。直观的草图演示可以大大提升沟通效率，如图 6-90 所示。

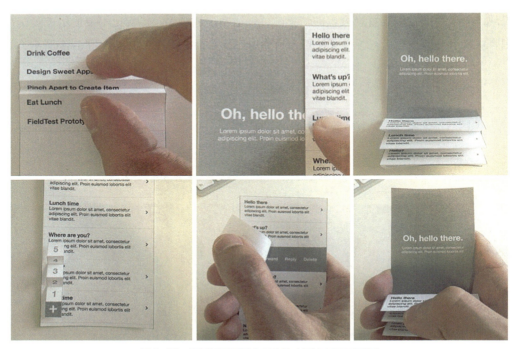

图 6-89　通过纸面原型表现动效（图片来源于网络）

 POP - Prototyping on Paper

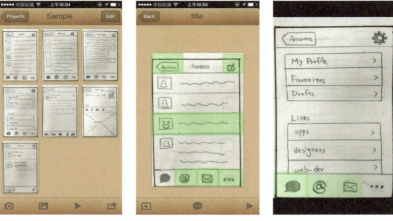

图 6-90　制作有动态效果的纸面原型

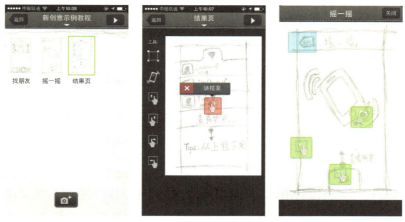

图 6-90　制作有动态效果的纸面原型（续）

第**7**章　设计标准——好的设计需要表达

如果你身处一个小团队中，只要团队成员赞同，就可以直接交付纸面原型；但如果你身处一个大型团队中，还是需要制作标准的设计原型，方便项目成员沟通和理解。

7.1　什么是设计原型

设计原型的由来——设计方案的表达

设计原型是设计方案的表达，是产品经理或设计师的重要产出物之一，也是项目团队进行参考、评估的重要依据。它是产品功能与内容的示意图，既包含静态的页面样式（线框图），也包含动态的操作效果（交互说明）。

需求文档也包含功能和内容的说明，但设计原型并不是简单的图形化的需求文档，它必须经过设计规划阶段，通过设计加工形成最终的结果。

如果在需求分析前期，产品经理和设计师先确定产品定位，包括目标用户、主要功能、产品特色等，后续再根据产品定位、项目资源等情况来筛选不同来源的需求（具体请看5.1中的内容），那么后续的设计原型的设计工作就会简单很多：通过思考、设计方法等，把需求转化为设计方案，再细化成标准的设计原型。

假设这份工作由产品经理和设计师共同配合完成，那么就好比大家一起通过前期工作，确认市场上最需要橙汁，公司也完全有能力提供。于是产品经理准备好橙子交给设计师，设计师去皮、切片、搅拌，最后榨成橙汁，如图 7-1 所示。这一切都是按部就班、井然有序的。

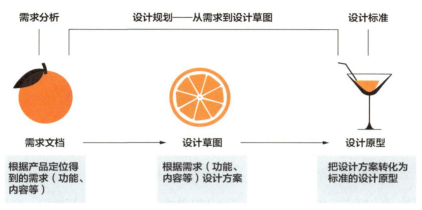

图 7-1　理想情况下设计原型的由来

但是在实际工作中，这样理想的情况很可能不会发生。产品经理更多需要从商业角度、公司业务、资源限制等方面考虑，对用户的考虑只是其中一方面。

在这种情况下，设计师可以参考需求文档或产品经理给出的基础原型，但不要不经验证直接照搬，而是要认真思考，在考虑商业、各种限制的基础上，从用户角度出发，把需求文档或基础原型转化成设计目标（具体请看 5.3.3 中的内容），做出既具有商业价值又满足用户需求的好设计。

这就好像产品经理发现市场上需要果汁，而自己手里刚好有个苹果，于是急忙交给设计师榨苹果汁。可是设计师经过思考、分析，发现用户更爱的是橙汁，如果提供橙汁用户会更满意，对公司方面也没有不利影响。于是设计师在产品经理的许可下，把苹果换成了橙子，最终榨出新鲜的橙汁，如图 7-2 所示。

很多产品经理或设计师把精力花费在界面细节上，却忽略了最重要、最能体现自身价值的决策过程。殊不知，如果只榨苹果汁，一台榨汁机也可以做到，长此以往，产品经理或设计师的价值空间都将越来越小。

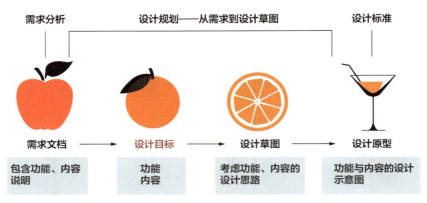

图 7-2　现实情况下设计原型的由来

为什么要学习设计原型的制作

再好的设计想法，如果没有清晰、标准的表达，效果也会大打折扣。要想成为一名专业的设计师，一定要学会产出标准而优美的设计原型。不仅是外行人在看到标准的设计原型时会惊呼"哇，这是谁做的，好专业啊！"就是内行人看到后，也会对作者颇有好感。"以貌取人"并不是个别人的专利，即使想法再好、再惊世骇俗，没有经过细腻的表现，恐怕也会让人不屑一顾。

除了更好地表达自己的设计方案、提升设计师的专业感以外，设计原型还有一个非常重要的作用——项目开发的标准和依据。设计原型的使用者有产品经理、前端工程师、开发工程师、测试工程师，可能还有商务、法务人员等，为了让这么多不同角色都能理解你的设计方案，设计原型务必要表达得清楚、规范，如图 7-3 所示。一旦表述不清，出现歧义，开发出的成果可能就会出现偏差，背离设计师本意；同时还会影响开发的节奏和效率，对项目造成极大影响。

图 7-3　设计原型对团队成员的影响

低保真设计原型与高保真设计原型

设计原型按照精细程度，可分为低保真设计原型和高保真设计原型。

低保真设计原型：与最终产品不太相似的设计原型。它可以是纸面原型（草图），也可以是用软件绘制的线框图。

我们鼓励设计师在设计规划阶段多使用笔和纸，以快速传达想法。这种信息沟通方式是最迅速、最直接的，也是成本最低的。在这个过程中，设计师可以快速获得反馈意见，不断修改、完善。

在比较大型的团队中，设计师需要使用专业的软件，如 Sketch、Axure 等软件来制作设计原型，并向团队成员展示设计成果，如图 7-4 所示。

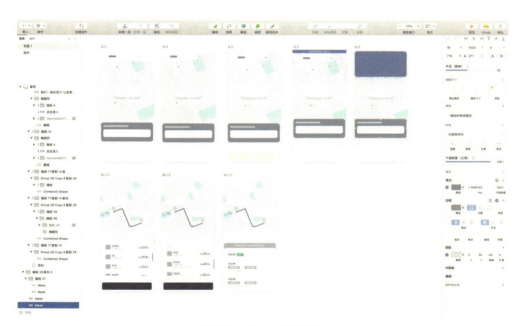

图 7-4　Sketch 软件界面

高保真设计原型：高保真设计原型可以说是设计师的沟通利器，由于能够直接上手操作，所以可以保证每个人都能准确地理解设计细节；若用于评审或汇报，可以提升沟通效率，使设计方案更具说服力。

此外，还可以在进入开发之前利用高保真设计原型做可用性测试，最低成本地暴露问题。高保真设计原型＋可用性测试，可用于快速验证产品。

对设计师来说，学会做可用性测试是非常重要的。设计师虽然具有一定的同理心，但毕竟不是身处使用场景中的真实用户，况且用户的理解能力和使用场景千差万别。几年的工作经验告诉我，与其在办公室对着屏幕冥思苦想设计是否合理，不如走出去，直接找到真实用户，让他们试用一番。高保真设计原型就是最好的可用性测试工具。

制作高保真设计原型的软件有很多，对于设计师来说，好的工具不仅能够呈现更好的设计效果，还可以提高制作效率。选择一款操作简单、演示效果好、可与设计软件直接对接的工具，可以让你事半功倍。

Principle： 几年前，交互设计师最常用的软件是 Axure，视觉设计师则是 Photoshop，两种软件格式不兼容，也不能互相复用组件。如今，随着设计职能的融合，大家普遍使用更加高效的设计软件——Sketch。而动效制作软件 Principle 可以说是 Sketch 的最佳伴侣。

首先，Principle 的界面与 Sketch 的界面如出一辙，如图 7-5 所示，并且支持 Sketch 源文件导入，与 Sketch 可以做到无缝对接。

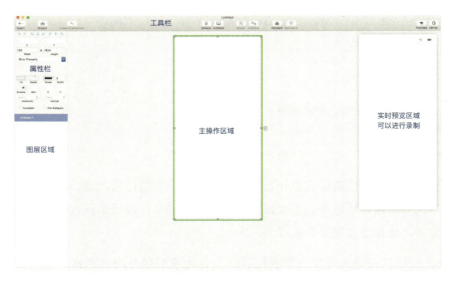

图 7-5　Principle 界面

其次，Principle 上手容易，只需要理清触发条件与界面跳转逻辑，就可以轻松实现补间动效。

最后，Principle 支持手机实时预览效果。在制作过程中，设计人员可以在手机上直接查看动效，更便捷地与开发人员共享动效细节。

Principle 可以说是设计师们制作高保真设计原型的最佳选择，关于 Principle 的学习资源在网上可以找到很多，具体操作方法在这里不再赘述。

墨刀：墨刀则是一款更加简单、快速、易上手的设计原型制作工具，如图 7-6 所示，支持桌面版、Web 端、移动端使用；可以云端保存，手机实时预览效果；内置常用的轻量级组件，通过简单的连接即可完成基础的跳转动效。但简单也意味着其无法完成复杂的交互和动效的展现，适合用于制作简单的高保真设计原型。

图 7-6　墨刀

当然，用什么软件不是绝对的。就好像有的高手可以用 Excel 做动画一样，制作带动效的高保真设计原型也可以使用其他软件，如 AE、Axure，甚至 PPT、Keynote 等工具，选择最顺手、最适合你的软件即可。

7.2 标准的设计原型应该包含什么内容

一般来说，除了特殊需要，制作高保真设计原型的机会并不是很多，即使是可用性测试，也只需要保证有基本的跳转效果。

大多数情况下，设计师提供静态的线框图及设计原型说明即可，其中包含简要说明、信息架构、任务流程与界面流程、线框图和交互说明。

简要说明

简要说明包含变更日志与版本说明。

变更日志：同需求文档一样，设计原型也不可能一次到位，一般需要经过沟通、评审后略做调整。尤其是对于比较大型、周期较长的项目，不可能等设计原型全部设计完毕再进行评审，往往是做一部分评审一部分，评审后定期更新。在这种情况下，填写变更日志非常重要，变更日志可以方便团队成员看到每次更改的内容，然后重点关注这部分内容就行了。这样大大提升了工作效率。

变更日志一般包含日期、变更内容、变更原因、备注等，如图 7-7 所示。

日期	变更内容	变更原因	备注
2012-08-31	增加侧边栏	需求的拓展性	
2012-08-30	搜索关键词加粗展示	之前未考虑到	交互规范修改
2012-08-28	分类界面增加购物车入口	评审结果	上线后监测效果

图 7-7 变更日志示例

版本说明：和变更日志类似，只不过变更日志以天为单位，而版本说明以版本号为单位，适合快速迭代且迭代周期比较固定的项目。例如某产品，每两周固定迭代一次，那么就需要列出版本说明，告诉大家此版本改变了哪些地方，让团队成员一目了然。

版本说明需要包含版本号、日期、更改内容等，如图 7-8 所示。

版本号：V1.0.0　2011.3.13
1. 修改了我的收藏和播放记录列表
2. 修改了"课程列表"中，"已翻译"和"未翻译"无数据的说明
3. 增加了意见反馈界面发送时的判断

版本号：V1.6.0　2011.12.02
1. 增加订阅功能
2. 新增抽奖活动
3. 修改了"我的收藏"界面提示语位置和文案

图 7-8　版本说明示例

信息架构

信息架构：产品的内容都有什么，它们是如何组织起来的，界面层级又是如何分布的，等等。信息架构可以让团队成员快速浏览产品内容、功能、结构等重要信息。

这里的信息架构不同于需求文档中的信息架构。在需求文档阶段，信息架构更多体现的是产品的逻辑结构；而设计原型中的信息架构，是被设计加工过的产出物，它是综合考虑产品逻辑结构和用户习惯而得到的结果，如图 7-9 所示。

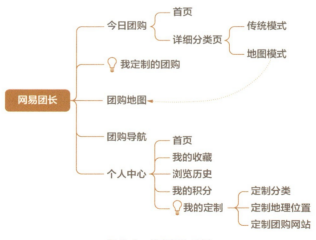

图 7-9　信息架构示例

任务流程与界面流程

任务流程：用户使用产品时，每一步操作会遇到什么结果，系统会如何反馈，等等。

任务流程与需求文档中的整体业务流程说明并不一样，虽然它们都是流程图，但整体业务流程说明更偏向于业务限制、后台逻辑等，并不过分注重用户的操作逻辑。而对于任务流程，设计师则需要关注用户如何操作、界面如何反馈等，从而引导用户完成用户目标，如图 7-10 所示。

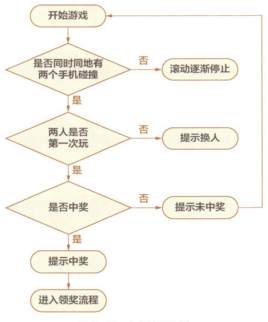

图 7-10　任务流程示例

界面流程：指界面之间的跳转逻辑，比任务流程更清晰、具体。通过界面流程，不仅可以看到具体的界面，还可以看到用户如何通过操作，从一个界面跳转到另一个界面，如图 7-11 所示。

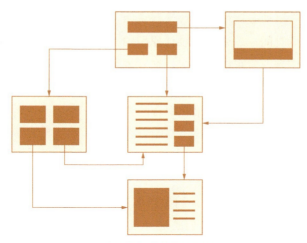

图 7-11 界面流程示例

线框图和交互说明

设计原型既包含静态的界面样式，也包含动态的操作效果。线框图代表静态的部分，而交互说明则代表动态的部分。

交互说明是设计原型中不可缺少的内容。逻辑严密、内容详细的交互说明会让设计原型看起来更专业。例如文字过多怎么显示？操作瞬间会出现什么提示？点击了界面上某部分内容，会出现什么反馈，跳转到哪个界面？……这些都需要设计，并且需要详细的说明，如图 7-12 所示。

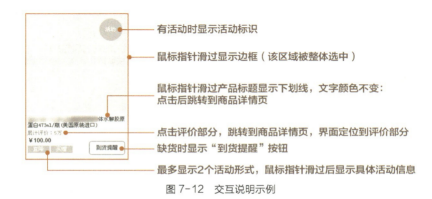

图 7-12 交互说明示例

有的设计师喜欢用动态效果来代替交互说明，其实这种方式是不太可取的。一来做动态效果比较浪费时间；二来浏览设计原型的人需要逐一操作才能看到效果，一旦有某个地方没有操作到，就可能会遗漏。交互说明可以让团队成员清晰、快速地看到全部的动态说明，更一目了然。但有些动态效果用文字或静态图片描述不直观，这种情况下建议采用交互说明与动态效果相配合的方式。

交互说明主要有以下几种类型。

限制：包含范围值、极限值等。

范围值主要指数据的取值范围。例如当你的界面上出现了下拉菜单、筛选按钮、滑块等控件时，你必须标注清楚它们的选择范围，否则开发人员就不清楚该如何设定，如图 7-13 所示。

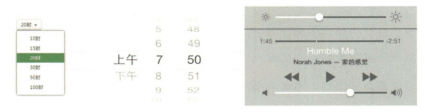

图 7-13　范围值说明示例

极限值主要指数据的显示限制。例如最多应该显示多少字数、超过时如何显示、是否折行等，如图 7-14 所示。

若两行显示不下则在最后位置显示"…"
鼠标指针滑过标题位置时显示全部标题信息

图 7-14　极限值说明示例

状态：包含默认状态、常见状态、特殊状态等。

默认状态主要指默认显示的文字、数据、选项等。这些内容需要注明，否则开发人员可能难以意识到这是用户填完的效果，还是默认就有的，如图 7-15 和图 7-16 所示。

图 7-15 默认显示部分文字

图 7-16 搜索框内预置文字

常见状态主要指针对某个模块，经常遇到的一些状态。这些状态都需要在设计原型上表述出来。

例如一个普通的积分模块，一般会出现 3 种状态：未登录状态、登录后未签到状态、登录后已签到状态，如图 7-17 所示。

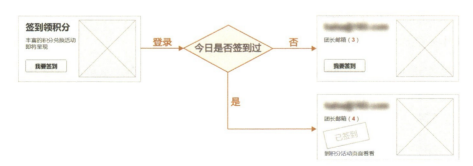

图 7-17 签到模块常见状态示例

特殊状态一般指非正常情况下的样式、文案、说明等，如图 7-18 所示。

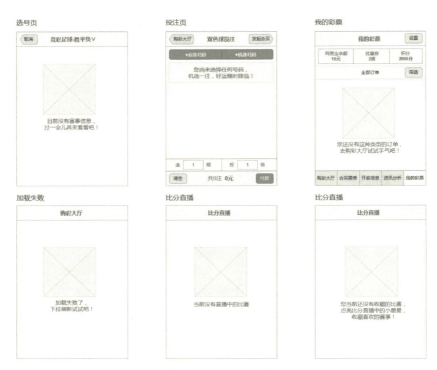

图 7-18   特殊状态说明示例

操作：包含常见操作、特殊操作、误操作、手势操作等。

常见操作主要指正常操作时得到的反馈状态。例如一个普通的翻页控件，在经过不同操作后会出现不同的状态，如图 7-19 所示。

特殊操作主要指一些极端情况下的操作。一般用户不会这么操作，但是一旦如此，还是要想好应对措施，因为对开发人员来说，不管是正常的还是极端的操作情况，他们都要去编写对应的代码。

图 7-20 中是一个极普通的填写用户信息的例子，大家在订机票、火车票或买保险时都能见到类似的功能。然而这会产生什么让开发人员头疼的极端情况呢？我简单罗列几条。

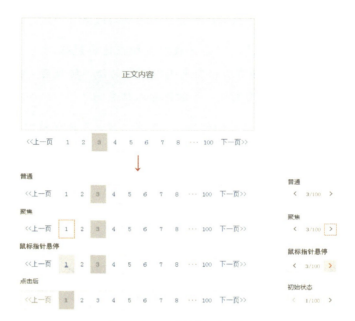

图 7-19　翻页控件常见操作示例

图 7-20　填写用户信息模块示例

上面只有 2 个卡片，如果已经勾选了 2 个人，再勾选第 3 个人，怎么办？

如果勾选了"张××××"，下面区块中会相应地出现张×××× 的信息，那么这时允许修改张×××× 的身份证信息吗？允许的话，修改后"张××××"还保持勾选状态吗？表单提交后要新增一个被保险人信息吗？

若修改的是除身份证号码以外的信息，"张××××"还保持勾选状态吗？提交表单时会覆盖原存储信息吗？

若修改后出生日期、性别与身份证号码不吻合怎么办？

重名怎么显示？

⋯⋯

设计师面对各种复杂的情况，一方面要和开发人员积极探讨，看看有没有其他的解决方法可以简化各种逻辑判断；另一方面，在得出结论后要把交互说明写清楚，避免让开发人员感到棘手。

误操作主要指当用户操作错误时的情况。不过设计师在设计时要尽量避免让用户犯错。

图 7-21 中，提示中告诉用户"库存 5 件"，如果这时用户在"数量"一栏中输入"6"会怎么样呢？系统可以帮用户自动改为"5"，以避免用户手动修正。

图 7-21 误操作示例

手势操作主要指用户使用移动产品时的操作方式，常见的有点击、滑动、拖动、放大、缩小、长按、双击、横扫、摇晃等，如图 7-22 所示。

点击（Tap）
点击作为最常用手势，用于选择一个控件或条目（类似于鼠标的单击），大部分操作使用点击完成

滑动（Flick）
滑动用于实现界面的快速滚动和翻页的功能
上下滚动与左右翻页最好不要同时存在于一个界面

拖动（Drag）
拖动用于实现一些界面的滚动，以及对控件的移动功能

图 7-22 手势操作示例

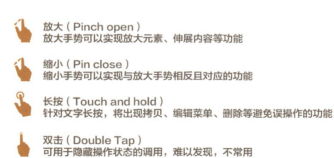

放大（Pinch open）
放大手势可以实现放大元素、伸展内容等功能

缩小（Pin close）
缩小手势可以实现与放大手势相反且对应的功能

长按（Touch and hold）
针对文字长按，将出现拷贝、编辑菜单、删除等避免误操作的功能

双击（Double Tap）
可用于隐藏操作状态的调用，难以发现，不常用

横扫（Swipe）
横扫手势用于激活列表项的快捷操作菜单

摇晃（Shake）
摇晃手机手势，推荐用于与现实生活中动作对应的操作
例如彩票摇号、恢复被卡的界面和操作

图 7-22　手势操作示例（续）

反馈：用户操作后得到的反馈动作，包含提示、跳转、动画等。

提示主要指操作后，系统反馈给用户的文字说明等信息，如图 7-23 所示。

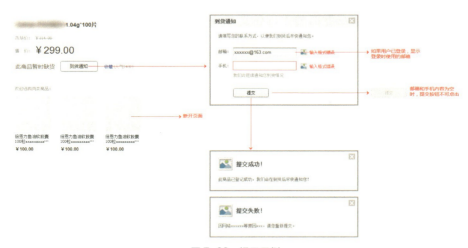

图 7-23　提示示例

跳转主要指点击某个链接后，界面跳转。如果是在 Web 端，设计师需要在设计原型上注明跳转时是"原界面刷新"还是"新界面打开"。

如果是做手机 App，则需要注明跳转时的转场方式，如图 7-24 所示。

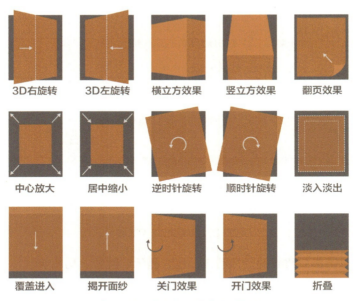

| 3D右旋转 | 3D左旋转 | 横立方效果 | 竖立方效果 | 翻页效果 |

| 中心放大 | 居中缩小 | 逆时针旋转 | 顺时针旋转 | 淡入淡出 |

| 覆盖进入 | 揭开面纱 | 关门效果 | 开门效果 | 折叠 |

图 7-24   手机 App 转场方式示例

此外，还需要注明在界面的不同位置以不同手势操作时，会跳转到哪里，如图 7-25 所示。

动画主要指用户操作后，系统通过动画的方式给用户反馈。动画给人的感觉比较友好、趣味性较强，是非常常见的反馈形式。

例如删除某条信息，该信息以渐变消失的形式告诉用户：这条信息已经被删除了。

在手机 App 中，动画反馈的形式更为常见。因此设计师一定要在设计原型上表述清楚动画的形式，必要时可以制作一段动画演示效果，方便开发人员理解，如图 7-26 所示。

总而言之，**写交互说明主要记住两条内容：除静态界面外，还需考虑各种动态情况；除正常情况外，还需考虑特殊和错误情况。**

不过需要注意的是，对于标准的设计原型应该是什么样，行业内其实并没有非常统一的标准，即使是各个公司里，在这方面也没有十分严格的限制。总的来说，不同的设计师，习惯的做法都会有所不同。这里只是根据常规情况，总结了常见的一些内容。设计师在制作设计原型时，可以根据项目情况及自己的习惯灵活处理，符合项目的需要即可。

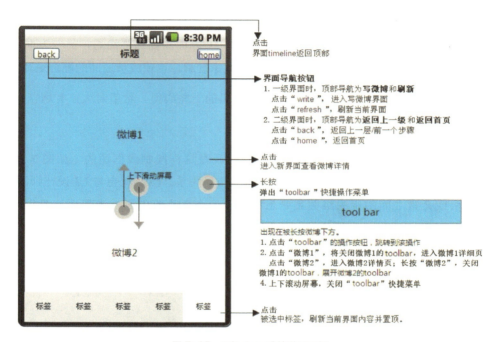

图 7-25　手机 App 跳转说明示例

图 7-26　手机 App 动画示例

7.3 你真的会绘制线框图吗

通过工作中的观察与总结，我发现不少新入行的用户体验设计师以及产品经理，在绘制线框图时往往会忽略一些重要内容，导致和其他团队成员的沟通成本增高、返工增多、工作效率下降等。为了解决这些问题，一方面需要加强沟通，另一方面还需要多站在不同的角度考虑线框图的设计，方便大家理解，也使成员之间的配合更默契。

那么具体怎样做呢？以下就是我工作中积累的一些心得，希望对大家有所帮助。

通过明暗对比表达

很久以前，我只负责交互设计工作，那时我是这样绘制线框图的，如图 7-27 所示，这样能非常清晰地展示各模块元素之间的布局关系。然后我会与 UI 设计师沟通，这些模块或元素之间的优先级关系是怎样的。但令人头疼的是，当界面元素很复杂时，UI 设计师就难以一一记住了，这时就需要反复沟通，整个过程非常痛苦，经常是改得头都大了但还是有很多错误。

图 7-27 传统的线框图绘制方法

后来，我这样绘制线框图，如图 7-28 所示。

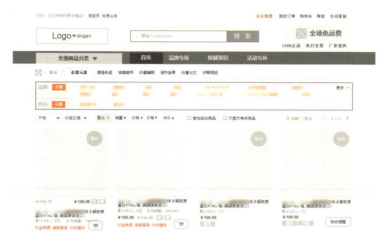

图 7-28 通过明暗对比表达优先级

加入了明暗对比之后，界面元素的层次关系更直观，我不再需要跑过去跟 UI 设计师说："这几个模块中这个最重要，那个其次……"工作效率大大地提高了。

当然这样也会存在一个新的问题，就是 UI 设计师没有什么发挥的空间了。还好现在有了用户体验设计师，可以把交互设计师、UI 设计师合二为一，那就再不会有这种沟通的麻烦了。

不使用截图与颜色

很多产品经理为了能更清楚地表现想法，就拼凑各种竞品的截图快速组成一个界面。这样做一来不规范，二来对设计师的工作造成干扰。建议尽量不要在线框图上使用截图和颜色。

在做运营活动类界面时，如果存在一些关于图案的想法，需求方可以告诉设计师需要营造什么样的氛围、达到什么效果，也可以找一些例子，但最好不要直接说"画几个铜钱飞出来的样子，配一个皇榜"等过于具体的元素。

布局尽量合理

在规划布局时，应该尽量保持简单的结构，最好不要出现 2 列和 3 列混排的设计，如图 7-29 所示。

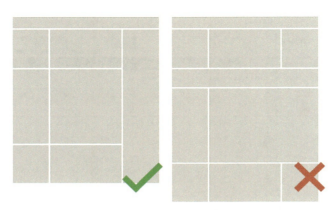

图 7-29   好的布局与不好的布局

如果在绘制线框图时不考虑布局标准及美观程度，把想要的内容随意堆到一起，到设计环节就需要耽误很多时间重新调整。

另外，还要注意首屏高度，如不同分辨率下的 App 界面，需要在首屏上露出哪些内容，要提前标注清楚。这样 UI 设计师就会根据界面规范去尽量调整。否则，线框图上密密麻麻地排布了很多东西，UI 设计师为了保证界面美观、舒适，往往会将部分内容调整到第 2 屏，这样就违背了需求方一开始的设想，然后又要反复调整。

很多需求方或产品经理对此很不理解，觉得我都把线框图绘制出来了，你随便美化一下不就行了吗，怎么还需要磨蹭这么久，导致产品延期上线。其实这就是因为不同职业的标准不同，导致了理解上的偏差。

总的来说，就是在经手每个环节时，最好都能考虑到相关环节的诉求和习惯，这样可以大幅节约时间、提升效率。建议大家在工作时能互相沟通，理解对方的需要，而不是像流水线一样完全做完了再交给下一个环节，这样会大大降低协同效率。

7.4　写交互说明的诀窍

设计原型不仅包含线框图，还包括非常重要的交互说明。

交互说明一般由具备交互设计能力的用户体验设计师负责。在没有该角色的情况下，一般由产品经理写，然后 UI 设计师根据情况补充。当然这个并无绝对，要看公司里的具体安排。

很多开发人员不愿意仔细阅读交互说明，而愿意看线框图，因为图毕竟比文字更直观。但交互说明又是不能缺失的，缺失交互说明不利于理解界面的操作行为及逻辑。那应该怎样写交互说明以达到更好的效果呢？

尽量使用真实、符合逻辑的数据内容

以前我做交互设计师时，更多的是考虑极端情况的展示（如每个数据项里都写尽量大一点的数值），而不注重数据之间的逻辑对应关系，殊不知这样会给开发人员带来很多困扰。比如图 7-30 中，开发人员看了就会产生很多疑问：网易价、优惠、小计之间是什么关系？优惠和什么有关？而这些问题又和后台算法紧密相关。

图 7-30　让开发人员产生很多疑问的数据内容

我之前还帮朋友做了一个票务产品的界面设计，当时为了省事，界面上的文案都是随便写的，仅作为示意用。虽然自己觉得很正常，但是对方看着心里很别扭：没有这个票的名称啊，这里是什么内容呢，看不太明白……因此为了减少沟通成本，应尽量使用真实、符合逻辑的数据内容。

不遗漏特殊状态的描述

在写交互说明时，很多人会更多地考虑正常状态，经常忽略一些用户会遇到的特殊状态。但对于前端和开发人员来说，各种状态都是不能缺失的，否则会导致工作无法进行。

图 7-31 中界面的操作逻辑看似很简单："勾选上面的人名后，下面会相应显示对应的信息"。但如果交互说明只写这些，前端或开发人员就要疯掉了，他们会冒出无数的问题，如常用被保险人如何排序？最多显示多少？超出一行怎么办？名字有无字数限制？名字字数多怎么办？勾选了 3 个人怎么办？重名怎么办？勾选人名后，在下方修改信息后怎么办？……而这些，写交互说明的人需要提前考虑到，在这方面想得多一些，前端或开发人员就会省心很多。

图 7-31   填写用户信息功能模块示例

避免过长的说明

还是上面这个例子，后来我们按照前端人员提的要求把所有交互说明都补充完了，内容很可观，写了一整页的标注，密密麻麻的。但是在评审时还是被"拍"回去了，这是为什么呢？

因为如果逻辑异常复杂，说明这个需求或设计方案存在问题。所以大家要注意了，并不是你做得越多、越有挑战性，就说明你越厉害，而可能是这件事本身就不合理。

如果需求没有问题，那你就要考虑设计方案是否存在问题，是否可以更精简合理，或去掉出现频率极低的异常情况，以保证体验和开发成本之间的平衡性。

如果需求和设计方案都没问题，那你就要看看，是不是写交互说明的方式存在问题，导致交互说明冗长又复杂？

关于这一点，请看下面的内容"避免流水账式的说明"。

避免流水账式的说明

用流程图代替文字说明

举个例子，假如现在界面上有个"收藏"链接，点击它会触发一系列操作，在交互说明上，该如何表述？

有些人可能会做出如下表述。

点了"收藏"链接，判断用户是否登录。如果没登录，就弹出登录框；如果登录了，再判断用户是否首次收藏该商品。如果不是首次收藏该商品，弹出一个提示框（旁边配个提示框的样式）；如果是首次收藏该商品，再判断用户是否首次收藏商品。如果不是，弹出收藏成功的提示；如果是……

相信这样的表述没有多少人有耐心读完吧。当然还有些人可能会这样表述，如图7-32 所示。

很明显后者更清晰，更有条理。当然为了让大家更容易理解，我找了个比较夸张的例子，一般情况下不会这么极端。我只是想说明一件事情：尽量用更有条理，更容易让人理解的方式来展示操作逻辑，而不要用流水账式的文字，这样谁看了都会头疼的。

用表格罗列各种状态

除了使用流程图外，还可以用表格的形式把各种状态图罗列出来，如图7-33 所示。

巧妙组织文字说明

用"if、else、case"等来组织说明文字也是我喜欢的方式，当然开发人员更喜欢。例如图7-34 所示的交互说明。

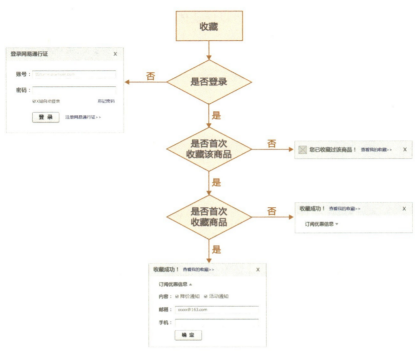

图 7-32 用流程图代替文字说明

图 7-33 用表格罗列各种状态

在订单确认满足以下条件时,返回购物车界面(该界面显示变动的信息)

Case1:库存下降,且少于用户的购买量
Case2:价格变动
Case3:Case1&Case2
else:跳转到订单成功界面

图 7-34　组织文字说明

制作动态效果

很多复杂的动态效果用文字难以描述清楚，所以最好制作出演示效果（Principle、AE、墨刀等多种软件都可以制作出逼真的动态效果）。

关于重复出现的模块

为了方便阅读，很多人习惯把交互说明直接写在设计原型上对应的模块旁边。但这样就会遇到一个问题：有些模块会重复出现在多个界面，关于该模块的交互说明如果只写一次，那么开发人员可能会找不到；如果每个界面都复制一份，开发人员可能又会疑惑（前后是否有区别？）更要命的是，如果要修改，所有界面都要跟着一起修改，工作量会很大。

例如图 7-35 中的模块，在购物车、个人中心等多个界面都会出现。为了节省时间，提高效率，我把这个模块独立出来，并起名"迷你收藏夹"，然后在其他界面上只留个空位就可以了。

这个例子虽然看上去很简单，但是我想通过这个告诉大家的是：尽量用模块化的思维方式来处理较复杂的问题，这对提高工作效率很有帮助。

关于设计原型的修改

设计原型随时有些修改是非常正常的事情。例如设计师觉得哪个地方不合理了；产品经理提出改某个地方的文案了；开发人员发现设计原型中有个小错误……

有时设计师嫌麻烦懒得改设计原型，直接告知前端和开发人员修改；有时设计师改了设计原型，但没有知会团队所有成员，其他成员可能还蒙在鼓里，这样会造成团队成员信息不对称，很容易发生问题。

图 7-35　界面中重复出现的"迷你收藏夹"模块

　　所以当设计原型需要修改时，最好能通过发邮件或其他方便的形式，告知项目组所有成员，而不是用口头沟通的方式。

　　当然也可以利用协同的方式来更新说明，如 Axure 软件就有强大的协同功能，项目相关人员都可以改动设计原型并自动同步给所有人。

　　以上这些是我总结的一些经验。其实我认为用什么方式不是最重要的，重要的是在合作的过程中，不仅把自己该做的做好，同时站在合作伙伴的角度上考虑问题，给大家提供更多的便利，才能使团队的效率越来越高，大家配合得越来越默契。

7.5　UI设计师如何快速过稿

前面说了很多关于设计原型的问题，现在再说说 UI 设计师最关注的界面设计问题。虽然我自己没有做过 UI 设计师，但过往的工作中长期跟 UI 设计师有深入的合作和沟通，并且自己后来也一直管理设计师团队，因此在这方面也积累了一些小经验，在这里分享给大家。

关于基础的 UI 设计知识在这里就不说了，重点说说 UI 设计师比较容易忽略的地方。下面很多例子都是 Web 端的，其实移动端也是类似的，希望大家不要受限于例子本身，而要举一反三，和实际工作相结合。

遵守栅格规范

先简单介绍一下栅格的概念。栅格是一种平面设计的方法与风格，运用固定的格子设计版面布局，使其风格工整简洁。栅格如今已成为出版物设计的主流风格之一。

现在各大网站也都在按照栅格规范来确定网站布局及具体尺寸，这样做有很多好处：对于设计师来说，他们不用再为思考宽度或高度而烦恼了；对于前端开发工程师来说，界面的布局设计将完全是规范的和可重复利用的，大大节约了开发成本；对于内容编辑和广告销售人员来说，所有的广告图都是规则的、通用的，他们再也不需要做一套有很多张不同尺寸的广告图了。

栅格规范看起来复杂，但用的时候并不麻烦，对照标准的栅格图确定栏宽即可，如图 7-36 所示。

移动端则可以多参考不同平台的人机界面规范，以及优秀的界面设计作品。

表达清楚 UI 逻辑

当设计内容元素较多、逻辑层级较复杂的界面时（如 Web 端表单），为了避免混乱，需要提前整理设计内容，以保证文字、链接、操作等样式符合其重要程度，并把各种复杂的情况归类成有限的几种形式，给用户合理的视觉引导。

例如设计收藏夹界面时，里面既有主导航、又有二级导航；既有链接，又有文本；既有需要重点突出的内容，又有需要弱化的内容。如果每种情况都出现一个样式，那就会有无数种样式。但大家都知道，界面中文字的字号和颜色种类不能太多，否则会显得界面元素非常凌乱，那具体该怎样处理呢？

图 7-36   根据栅格图确定栏宽

可以把经常遇到的情况都整理出来，并划分类别，标注出优先级，如图 7-37 所示，这里一共罗列了 10 种情况，但并不需要提供 10 种样式，否则用户一定会头晕目眩。

一般来说，**操作的优先级大于链接，链接的优先级大于文本**。最重要的操作一般是用按钮表现，如收藏夹中的"加入购物车"按钮，然后是普通操作，如"对比"等，最后是消极操作，如"删除"。可以把普通操作和需要重点突出的链接设计成同样的样式。虽然它们的性质不同，但对用户来说，优先级是类似的。

从图 7-37 中可以看出，通过这种方式，把 10 种样式缩减为最多 6 种（包含按钮样式），可以给每个样式指定一种有代表性的颜色，在设计界面时使用它们，以表达清楚优先级。

类别			交互稿样式举例
操作 ★★★		重要操作	按钮
		普通操作	A
		消极操作	E
链接 ★★		重点突出的链接	A
		普通的链接	B
		不重要的链接	C
文本 ★		重要的文本（标题）	B
		普通的文本	C
		不重要的文本	D
提示		错误提示	F

主色调 A	整个网站的主要色调需要突出的文字颜色	链接文字 B 一般链接颜色，应用于正常的链接文字以及一般按钮的文字颜色
一般文本 C	应用于描述性文字	弱文本 D 较弱的链接文字及描述文字颜色
不可操作 E	应用于不可操作的文字及按钮文字	点缀色 F 应用于警示突出内容，错误提示、价格

图 7-37 整理颜色、字号及样式

这样，相当于提前定义好了一套规则，它可以用在不同的界面上。通过这个细致的规则，可以保证最终的字号及颜色符合逻辑，减少了设计和前端的成本，有效地避免错误发生，还有利于后续完善视觉规范。

不盲目参考设计原型，要考虑实际效果

UI 设计师拿到设计原型后，先不要急着做，要先看看有没有问题，能不能突出重点。在做之前多沟通、多思考，才能事半功倍。

图 7-38 中的设计原型中用两个占位符来表示图片位置，图片上方是标题及 3 点说明，看起来还是比较清晰的。而 UI 设计师按照设计原型中的线框图设计完的效果却很让人失望，重要的标题、文字几乎看不到，满眼都是凌乱的视觉元素。

这是 UI 设计师的水平有问题吗？UI 设计师也很无辜，他确实是按照设计原型来做的。其实一方面是因为做设计原型的人没有考虑到图片对文字的影响。占位符毕竟不是真实的图片，不能真实表现出实际的情况。另一方面，UI 设计师只是按照设计原型完成任务，没有考虑如何突出重点。因此导致结果不够理想。

图 7-38　清晰的设计原型和混乱的 UI 设计效果图

了解设计趋势

大公司的官网和 App，几乎每年都会做改版。我习惯把前后对比图收集起来，留意变化，这些变化意味着设计趋势的转变。

图 7-39 是某年淘宝网改版前后对比，改版后的首页变宽了、留白更多、线框更少、整体感觉更轻盈……

同一年，我发现很多网站都有了类似的改变。因此，当年我们果断给产品经理提了这方面的建议，趁着改版的机会按照栅格规范拓宽网站尺寸，这样可以容纳更多内容，也使界面看上去更舒适。

图 7-39 UI 风格每年都在变化

当然，这里的意思不是说盲目照搬别人，而是密切留意各种趋势的变化，如果对自己的产品有帮助可以快速借鉴，尤其是在自己能力的起步阶段。当然最好的方式是做引领者，但这需要逐渐地积累。

正确理解设计原型

界面的 UI 设计不是艺术作品，正确地理解信息和传递信息是最重要的事，忽略内容关注形式是不可取的。所以 UI 设计师除了关注美感外，还要注意与设计原型传达的信息是否一致且重点突出、层次分明。

例如下面这个例子。设计原型的右上角有两个按钮，一个是"下载"，另一个是"热门"。点击"下载"按钮是执行一个操作；而点击"热门"按钮会跳转到一个新的界面。UI 设计师巧妙地加工，把两个按钮合并到了一起，并做成了对称的效果，如图 7-40 所示。虽然样式好看多了，但这样会对用户产生一些误导作用：这两个按钮是并列的关系吗？"热"是什么意思？也是一个操作吗？

图 7-40　设计原型与视觉样式的区别

经过修改，最终 UI 设计师还是采用设计原型的样式，把两个按钮分开来。从这个例子可以看出，UI 设计师既要关注美感、细节，还要注意操作逻辑，这需要他具有较强的综合能力。

拒绝毫无发挥的 UI 设计

与设计原型出入过大的 UI 设计可能会出现问题，但过于遵从设计原型、完全没有发挥的 UI 设计同样不合格。设计原型更多的是表达逻辑和传达信息，而在美化界面、渲染气氛方面，UI 设计发挥着重要作用。

图 7-41 为一个快速购买彩票的模块，提供了 3 个热销彩种的购彩入口，和一些彩票资讯。在图中很难看出哪个是设计原型，哪个是 UI 设计效果图。UI 设计师发挥的地方过少，导致整个界面没有一点购彩氛围，很难引起用户的兴趣。

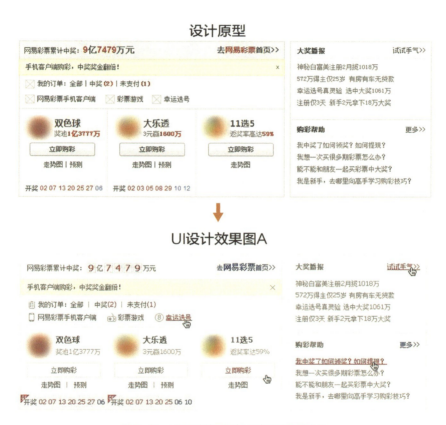

图 7-41　UI 设计效果图与设计原型过于类似

图 7-42 为修改后的 UI 设计效果图。跟设计原型相比，彩种图标变得更大、更有感染力，"立即购彩"按钮让人更有点击欲望，界面中最重要的购彩部分被恰到好处地突出来，一下子抓住了用户的眼球。

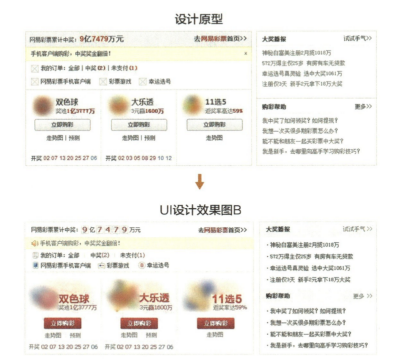

图 7-42　修改后的 UI 设计效果图

很多 UI 设计师看到细致具体的设计原型就会泄气，觉得没有什么可发挥的空间，照着设计原型按部就班地重新设计一遍，自己也没什么成就感。殊不知，你其实是大有可为的，不要怕犯错，勇敢发挥吧，大不了再修改。但是千万不要一开始就泄气了，觉得自己没什么好做的，那样就真的没什么好做的了。

关注视觉层次是否足够清晰

正确理解信息并传达是对设计师最基本的要求，此外要让界面更美观、更有氛围，最后还要通过视觉元素清晰地引导用户。这就要求视觉层次要足够清晰，这对 UI 设计师来说有比较大的挑战性。

例如图 7-43 中的这个例子。上图给人的感觉比较零碎、信息比较杂乱，看上去一片文字，内容都"摊"到了一起，层次不分明，阅读起来也比较吃力。经过修改后，强调了每条信息的抬头部分，并且用加深底色、文字反白的效果与其他部分有效地区分开。视觉层次清晰了很多，阅览时也容易区分不同的条目，一目了然。

图 7-43　关注视觉层次是否足够清晰

关注交互细节和状态标注

　　UI 设计效果图完成后，一定不要忘记检查交互细节和状态的标注。例如按钮的 3 个状态、鼠标指针悬停时的显示效果、各种间距等。这些小细节在做 UI 效果设计时很容易漏掉，如果没有补全状态，就将 UI 设计效果图提交给前端工程师，那么前端工程师在开发时还需要返回来找 UI 设计师要这些状态的 UI 设计效果图，影响开发效率。如果遇到不喜欢沟通的前端同事，很有可能会根据自己的想象补全状态，或是根本就忘记做这些交互细节。很多时候，设计稿看起来精致美观，而开发出来的界面却偏差很大，就是因为这些细节的疏漏，如图 7-44 所示。

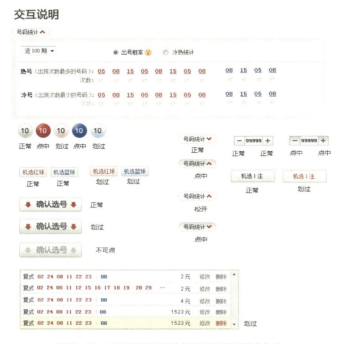

图 7-44　UI 设计效果图中的交互细节和状态标注

说清楚自己的设计思路

　　和设计原型比起来，UI 设计效果图更容易遭受大家的挑战。毕竟每个人对美的定义不同，对色彩和形态的喜好不同，面对同一个界面设计也会有不同的理解。

　　所以视觉评审时，UI 设计师更要有能力有理有据地阐述自己的想法，千万不要出几个不同风格的设计方案让大家随便挑选，而是要陈述清楚每一种风格的利弊，给出自己的建议，然后再让大家讨论。

　　如果只有一个设计方案，那么就更要强调自己的理念和设计依据，具体可以参考我前面讲的对用户、场景、需求、数据等的分析，同时结合视觉方面专业的见解。专业度上来了，你的设计方案就越来越不容易被人挑战。

多年前我在阿里工作时参加了一个设计管理的会议，当时探讨的内容让我至今印象深刻。那时刚刚经过设计晋升，交互设计师晋升情况不错，而 UI 设计师晋升的情况惨不忍睹。一位领导说：从高级到专家，我们看的不再是谁画的图好看，因为作为一个设计师，画得好看是理所应当的，我们更关注的是你能不能把你的设计方案讲清楚。

现在，阿里已经合并了交互设计师和 UI 设计师职位，统称为用户体验设计师，这就更要求设计师不能仅局限于交互设计或 UI 设计，而是要对用户体验设计有全盘的了解。所以这对设计师提出了更高的要求和更大的挑战。

7.6　关于设计规范

设计规范并不是生来就有的，而是在产品逐渐成熟、发展的过程中慢慢建立起来的。做设计规范不是一件简单的事情，往往要花费设计团队大量的时间和精力。那么设计规范究竟是何方神圣？为什么众多知名网站都要做设计规范？它能解决什么问题？应该如何去做呢？

什么是设计规范

设计规范是对设计的具体细节、技术要求，是设计工作的规则和界限，是一种模板化应用的方法。

设计规范包含很多内容，如交互规范、色彩规范、logo 规范、UI 图标规范、控件规范等，如图 7-45 所示。

没有设计规范容易出现什么问题

当产品规模很小时，可能只需要 1 ~ 2 个设计师，这时并不太容易出现什么问题。但是当产品规模不断扩大，需要越来越多的设计师时，问题就产生了。

不同频道 / 模块独立设计

由于每个频道 / 模块可能都是由不同的设计师负责，而设计师的风格和设计水平又有区别，所以造成每个部分看起来都是不同的，非常不统一。对产品的整体品牌形象有很大的影响。

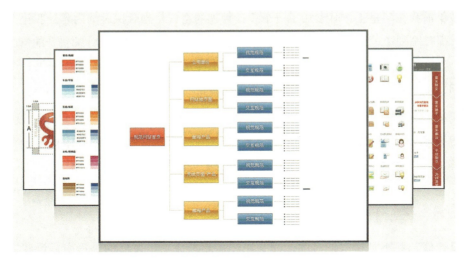

图 7-45   设计规范示例

同类功能组件存在多种样式

同样的功能，其实没必要每次都重复设计，而且不同的人设计出来的效果不一样。既浪费精力，又影响用户的操作。

很多内容是可以直接复用的，如活动模块的尺寸、常用的一些功能组件（如翻页、筛选等）等。完全没必要新发明 1 个轮子，尤其是同一辆车的 4 个轮子。

同类元素多样性

在同一个项目中，人员更替是很普遍的情况。即使是同一个人，也很难保证和之前设计的完全一致。这样导致的结果就是，即使同样都是文字链接，或同样都是按钮，也会出现五花八门的样式。不仅用户看起来迷惑，前端的工作量也成倍增加，这是完全没有必要的。

设计效率低下

每次改版时，产品经理都会和设计师产生激烈的争执：这个说 12 号字好，那个说 14 号字好；这个说主色调用红色，那个说蓝色好。设计并不像算术题，它没有标准的答案，每个人都可以有自己的偏好。如果没有一个统一的标准，就很容易陷入不必要的纠结和讨论状态；但如果有一个统一的标准，就可以省下大量的时间，提升效率。

设计质量难以把控

设计规范凝结了大家的智慧和心血，每次设计规范的迭代都代表了最新、最合理的设计样式及标准，站在"前人"的肩膀上，大家可以做得更快更好。反之如果没有设计规范，设计师的水平参差不齐，每个人又都按照自己的想法来，那结果就很难掌控。

设计规范解决了什么问题

通过"一致性"形成鲜明的产品特征，增强用户黏度

如产品保持产品概念、界面元素、视觉风格、操作交互的"一致性"，能帮助用户适应和熟悉产品，让用户更容易"认识"你的产品，从而提高用户黏度，如图 7-46 所示。

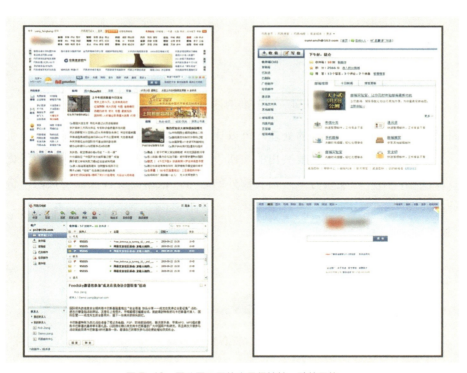

图 7-46 同公司不同的产品保持较一致的风格

提高易用性

如相同功能、组件采用类似的处理方式，用户使用起来会更轻松，能避免不必要的思考，也不需要重新适应。

例如各网站登录模块的交互方式大同小异，这样用户可以快速上手，不需要额外的思考，如图 7-47 所示。

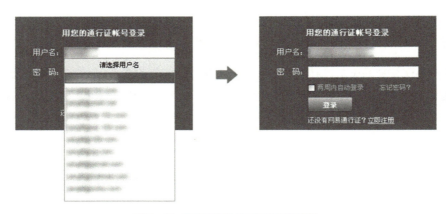

图 7-47 对常用组件进行标准化的控制

而对界面元素进行标准化的处理，可以让用户感觉界面层次更清晰、操作引导性更强。例如统一把重要的、需要突出的按钮设计成深色，把不重要的、需要弱化的按钮设计成浅色，用户在使用时就不需要额外的思考，根据需要直接点击按钮，快速完成任务，如图 7-48 所示。

图 7-48 规范界面元素样式

满足团队协作需求

很难保证在实际工作中，由同一个产品团队长期、持续地维护同一个产品。无论是产品经理还是设计师，都有可能同时兼顾多个项目，或在项目中进行正常的人员更替。设计规范可以让之前在设计过程中被反复讨论、验证过的设计思路沉淀下来，而不是无声地消亡或变形。

其他

设计规范还有诸多显而易见的好处，如避免重复劳动、提高工作效率、提升设计质量、降低培训和支持成本、减少团队成员犯错误的概率等。这里就不一一赘述了。

设计规范的分类

从不同的维度考虑，设计规范有不同的分类。

从纵向考虑，设计规范可分为交互规范和视觉规范。交互规范一般要先于视觉规范。

从横向考虑，设计规范可分为产品战略级方向的大规范及单个项目中的设计小规范。

产品战略级方向的设计规范

这里面又包含两部分内容：一是整个公司或一级部门主打产品的设计方向，如主色调，整套的 VI 系统吉祥物，门户界面风格布局等，即品牌规范。

另外就是达成共识的，恒定不变的内容，如基本控件的设计规范、交互规范等。

单个项目中的设计规范

一般来说，每个公司都会有很多的产品，而不同性质的产品，在设计风格上会有所区别。例如门户类、社交类、游戏类、电子商务类产品，它们的特点各不相同。

这样就需要根据不同的产品类别设计不同的设计规范，为每个产品设计详细的规格说明书，如流程说明、交互模型、图标规范、界面设计规范、界面实现规范、控件设计规范等。

即使是同一大类的产品，也需要进一步细分，如门户整体规范中，又细分出专题规范、banner 规范、微博规范等；电子商务类产品规范中，细分出活动专题规范、

banner 规范、直邮规范、界面设计规范等。

什么时候开始制定设计规范

在设计开始之前就制定设计规范，是很不切实际的做法。你会发现做好的设计规范在实际操作中是无用的。

项目全部完成之后再沉淀设计规范，这是多数情况下采用的方式，方便产品未来延续发展。但这种方式不是绝对的，如果是一次性产品且后续没有其他计划，那就没必要浪费时间整理设计规范了。设计规范更多的是用户指导设计，况且整理设计规范也需要不少时间和人力成本。

在以下几种情况，大家可以着手去制定一些设计规范，指导和完善后面的工作。

● 　大型且重要的产品。

● 　产品结构、页面类型、UI 组件相对较单一，可复用的内容较多。

● 　项目人手充足、时间较充裕。

● 　品牌风格、主题风格已确定完毕，品牌备忘和梳理势在必行。

● 　产品线日益丰富，后续设计一致性和可循环的要求被提高。

● 　产品结构壮大，新人不断涌入，沟通和执行效率亟待提升。

制定设计规范的原则

制定设计规范是为了给团队成员做设计指导，所以内容一定要简单易懂、条理清晰。

交互规范一般先于视觉规范，视觉是在交互的基础上做效果，如图 7-49 所示。

设计规范一般遵循从大到小的原则，即先制定大的设计方向，再制定项目中单个详细的说明，先制定团队合作的规范，再制定个人操作上的规范，如图 7-50 所示。

设计规范的执行及注意事项

很多设计师可能会有这样的疑惑：设计规范会不会限制我的发挥？如果什么都按

照规范来，那我的工作还有价值吗？

图 7-49　在交互规范的基础上制定视觉规范

图 7-50　"从大到小"制定设计规范

实际上这是对设计规范的误解，制定设计规范并不是为了限制设计师的发挥，而是帮助设计师少走弯路，避免不必要的错误，并提高设计效率。它起到的更多的是指引和参考的作用，而不是限制。

　　设计规范应该告诉设计师，你的"前辈"在这个地方犯过什么错误，这样的错误可以用设计规范中的方式去避免。详细的设计规范说明中可以包含这些，或在做设计规范培训讲解时说明，以便设计师理解某条设计规范存在的原因。

　　设计师也无须担心受限制的问题，因为设计规范并不是万能的，也不是一成不变的，它也要经历持续的更新。在设计规范制定后，在实际工作中难免会发现一些可能不适用的内容，在得到充分合理的优化理由之后，就可以去优化更新。另外，每经过一次改版，设计规范可能就要在原有的基础上重新更新。但并不是说原先的工作就没有价值了，有了之前做设计规范的基础，再更新时也会非常得心应手。

　　还有很多设计师有这样的疑问：设计规范是不是要无条件遵守？遇到特殊情况怎么办？

　　设计规范不可能面面俱到，也不可能涵盖所有的情况。我们更需要的是培养设计师的规范意识，而不是过于教条化。设计规范主要从全局考虑，因此设计师在实际操作中，可以在整体统一的基础上，做局部的特色处理。

第**8**章 项目跟进——保障设计效果的实现

项目跟进是设计师的重要工作之一。有句话说得好：一流的点子加上三流的执行还不如三流的点子加一流的执行。设计能力再强，设计方案再好，如果没能执行到位，也是毫无意义的。

有的设计师不屑于做项目跟进的工作，觉得浪费时间；有的设计师会直接说自己没时间；有的设计师认为设计方案做好了，执行得不好是产品经理和开发人员的问题，和自己无关；还有的设计师认为只要自己专业能力强，项目结果好不好无所谓。

殊不知，这样的想法会给自己的职业发展造成极大的隐患。有谁在体验产品时遇到问题，会认为是开发人员的问题？他们大多会认为是设计师水平欠佳，你的口碑可能由此变得非常糟糕；团队也会失去对设计师的信任，因为他们会发现有没有设计师，结果可能都很差；由于没有人来跟进设计方案，团队中的人甚至可能不知道这个设计方案是谁设计的，设计师的存在感和价值大大降低。

因此**设计优秀的方案很重要，能把它顺利推进执行下去更加重要**。上线后的实际效果才是设计的最终结果。

8.1 做设计评审的主导者

从需求分析到设计规划，再到设计实施，最初抽象的目标和概念变得越来越清晰，成了可视化的设计方案。这时，最了解设计方案的设计师，需要与项目组各个角色进行沟通、阐述设计方案。在达成一致后，才能继续推动项目进入开发测试环节。

但在许多设计师的眼中，设计评审似乎变成了一场噩梦。评审时，每个人都会有不同的偏好或出发点。开发人员关注设计方案在技术上是否易于实现，运营推广人员希望有足够的推广空间，产品经理希望在时间节点前确保上线……而所有的意见，都会集中在设计方案上。争论似乎无法避免，设计方案很容易成为众矢之的。不同偏好和不同出发点的团队成员，如图 8-1 所示。

在这种情况下，设计师需要学会从幕后走到台前，主导设计评审，协调不同团队成员的意见，带领大家达成一致。

图 8-1   不同偏好和不同出发点的团队成员

设计评审的目的

我们在做一件事之前，一定要先弄清楚这件事的目的和意义是什么，否则很可能南辕北辙。当和其他人意见不同时，也不要不经思考地辩驳，而是考虑清楚各自的诉求和目标是什么，争取在目标上达成一致，问题随后也就迎刃而解。

关于设计评审，我认为主要有以下几个目的。

第一，检验目标

在项目初期的需求分析阶段，产品经理和设计师已经分析出了产品定位或设计目标。这些概念性的目标不是为了说服总经理或是摆摆样子，在项目的各个阶段，都需要用这些目标去衡量产品是否偏离了方向。在设计评审阶段，首先要检验的就是设计方案是否达成了最初确定的目标。

第二，发现问题

设计评审集中了项目组中的各个角色，可以及时发现问题与风险，如设计方案是否存在缺陷，技术是否可行，有无其他风险点，等等。在确定设计方案的阶段，项目的开发团队还没有完全开始投入，这时发现设计中的问题并进行更正，可以规避部分风险。有质量的问题反馈也可以帮助设计师及时调整设计方案。

第三，达成共识

设计评审需要团队成员达成共识，这样才能顺利进行下一个环节。同时，还可以让相关人员提前熟悉方案，确保大家的理解与设计方案的表达一致，避免因沟通不畅而在推进过程中走弯路。

评审前的充足准备

俗话说"台上一分钟，台下十年功"，设计评审也是一样的道理。评审时的一个设计方案，可能是做了十几个设计方案后精挑细选出来的最合适的设计方案。半个小时的设计方案阐述，也可能是设计师深思熟虑几天后的结果。令人信服的设计方案，是需要许多准备工作支撑的。没有充分的准备，很容易受到项目组相关人员的质疑。

事先考虑所有可能的设计方案

在设计评审时，可以只拿出一种设计方案。但在评审之前需要把能想到的设计方案都仔细考虑一遍。如果只做一个设计方案就觉得可以交差，一方面可能会错过更优的设计方案；另一方面，在评审时被问到这里为什么不设计成其他形式时，可以从容应答，把之前已经思考过的想法、存在的问题一一列举。

准备各种设计依据

在阐述最优设计方案时，也要详尽说明这样设计的理由。评审会上阐述的设计方案是设计师从无到有设计出来的，经历了从需求分析到设计表达的所有过程，自然觉得设计方案中的一切都是合理的。但并非项目组的所有成员都了解设计方案，尤其是开发和测试人员，他们可能在项目中期才参与进来。在评审会上，如果只将最后的设计方案展示给大家，很有可能受到质疑。设计师需要在评审会前将用户调研的结果、支撑的数据、竞品分析、设计实施前制定的目标等，都准备充分，并在评审时阐述清楚。这样有理有据的设计方案，才会得到大家的支持。评审前的充足准备，如图 8-2 所示。

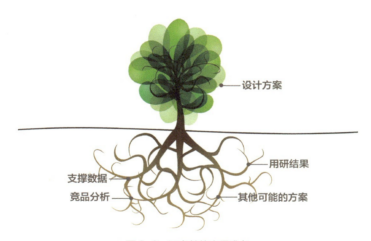

图 8-2   评审前的充足准备

做好会议邀请工作

在真正开始会议前，要尽量保证设计方案已经通过产品经理及最主要团队成员的认可，至少要保证大方向是对的。尽量私下、一对一地沟通，与有话语权的人达成一致，而不是把所有问题都抛到会议上解决，这样可以大大提升会议的效率。

经验告诉我们：参与讨论的人越多、意见发表得越多，就越难以得出结论。所以越是重要的事情，越要尽可能少的人参与讨论，这样才能快速做决定。如果能提前和团队中的"意见领袖"达成一致，那么在会议中就可以减少很多不必要的口舌之争。

在评审会上还会收到其他项目组成员的意见和建议，可以把它们作为参考意见，对设计方案进行细节上的调整和修改。

一般相关的项目组成员都要参与设计评审，所以需要撰写一封正式的邀请邮件，并附上自己的设计方案。在邮件正文中，除了告知会议的时间和地点，还可以简单陈述下自己的设计理念、参考了哪些数据和资料等，然后提醒大家务必要提前熟悉设计方案，想好自己的问题，以便在会议上讨论。

当然，还要提前设定好每个环节的时间：阐述产品定位、设计目标大概用多长时间；阐述具体设计方案大概用多长时间；讨论每个模块的问题大概用多长时间……一旦超出时间还没有解决，就把问题记录下来，会后再去解决，不浪费宝贵的会议时间。这些也都需要在邮件中说明。

提前规定好这些内容，设计师在会议上自然就会更有主动权，更游刃有余。

评审时的有效沟通

主导评审流程

评审时，设计师首先要明确产品定位或设计目标。产品定位或设计目标是方向，可以让评审人员的思路都统一到一条线上，沿着一个方向去思考问题。在产生分歧时，它们也可以作为判断的参考与依据。

建议不要直接展示设计方案，而是先把相关用研结果、数据、竞品分析等资料展示给大家，在评审人员都了解设计的原委后，再展示设计方案。

在展示设计方案的过程中，也要注意表达技巧：语速不要过快，阐述重要的设计点时要清晰，还要注意时间与节奏的把握。

在展示设计方案之后，收集大家的意见，引导讨论。如果评审人员对设计方案意见较多，设计师需要追根溯源，找到大家不认同设计方案的原因：是设计表现的问题，还是从需求上就产生了问题？集思广益，找到解决这些问题的成本最低的办法。如果设计方案得到了大家的认同，设计师可以引导开发人员讨论可行性和风险点等问题，为开发测试环节做准备，如图 8-3 所示。

图 8-3   主导评审流程

提高效率，控制话题

偏离主题的讨论和对于某个细节的持久争论是会议效率的两大"杀手"。

团队中难免会有一些思维比较发散的成员，在头脑风暴等创意阶段，思维发散的人会给团队带来新的创意。但在评审设计方案时，思维过于发散的成员往往会使讨论偏离主题。有些与会人员会突然蹦出个新的想法，将现有设计方案完全推翻。灵光一闪的创意也许听起来还不错，但这些想法往往缺少深思熟虑，在设计方案已经细化了的设计评审阶段，再来重新讨论创意方面的问题，会使团队成员又要从头开始纠结。有时一些与会人员还会从一个话题引申到另一个话题，如果他具有很强的表现力和感染力，很可能会将话题越扯越远，将大家的思路完全带偏。主持会议的设计师需要有能力控制话题，将偏离主题的讨论及时拉回正轨。

另一个影响会议效率的常见现象是对于一些细节的持久讨论。如果不影响大方向，可以先将细节问题暂时搁置，会后再通过邮件或当面讨论的方式确定结果。设计评审中达成共识并不是说每个细节都要百分之百确认。在设计方向和大的功能点上达成一致，对于细节问题可以求同存异，收集有价值的反馈后再来考虑。

区分和收集有价值的反馈意见

在会议中，大家会表达出各种各样的意见。设计师需要区分哪些反馈是有价值的，可以指导后续的设计和修改，哪些反馈是需要过滤掉的。

每个人都有自己的喜好，对于设计这种可视化的"浅科学"，人们更喜欢"指指点点"。有些反馈意见明显过于主观，如"这个颜色太暗了，我不喜欢""我觉得用户不会需要这个功能，我就不会用""为什么要使用两栏布局，我觉得通栏更大气"等。这些带有个人喜好的反馈意见，不需要去深入探讨，设计师只需阐明这样设计的原因，因为没有哪种设计方案可以迎合所有人的口味。

　　还有一些评审人员表达的意见过于模糊，如"这里很奇怪啊，为什么要这样""我也说不好，有没有更好的设计方案""这个操作很诡异"等，如图 8-4 所示。对于这种模糊的表达设计师可以视情况进行深入询问或再度思考，当然最好还是收集客观的、明确的、可以操作的反馈意见，再指导后续改进。在这个过程中，设计师一定要有一个开放的心态，不要过于捍卫自己的设计，应该积极采纳有价值的反馈，这样有助于提升专业水平及职业能力。

图 8-4　收集有价值的反馈意见

评审后的分析与跟进

　　在评审会上收集了反馈之后，设计师需要整理总结意见。对于还没有达成一致的设计细节，要继续完善细化。之后将最终设计方案发送给项目组成员。

　　其实设计评审也是一个建立设计师口碑的机会，如果每次评审都准备充足，拿出的设计方案有理有据，体现出专业的素质，会提升大家对设计师的信任感。久而久之，沟通会越来越顺畅，设计推动起来会越来越容易。

　　很多设计师总是埋怨自己不被重视、没有存在感、设计方案经常被推翻、完全被别人的意志左右、没有主动权等，其实很多是因为设计师自身的工作没有做到位。如果能多点精力放在设计规划、设计评审、后续跟进上，而不是一味地绘制线框图，那么设计师的处境将会改善不少。

8.2　开发阶段，设计师该做些什么

　　设计师："产品上线了怎么和设计方案不一样？渐变呢？阴影呢？交互动画呢？怎么都没了？"

前端工程师："有吗？我怎么没看出来……"

设计师朋友们经常会有这样的困扰：在设计完成后，将设计原型、UI 设计效果图、视觉规范一并交给前端和开发工程师，几周后，在测试环境下看到产品 Demo 时，发现与自己心中的设计效果差别很大。设计方案中注明的"渐变出现""渐变消失"变成了生硬的"直接出现""直接消失"；设计方案中浅浅的灰色底色变成了白色，圆角和阴影不见了，之前设想的实时更新数据也变成了手动刷新才能更新……

其实这并不是前端工程师们不认真完成工作，而是前端工程师与设计师关注的点不一样，设计师关注界面的交互细节以及视觉是否美观。平滑的交互动画和渐变、阴影设计细节等，都能使界面看起来更加精致。可是对于前端工程师来说，简洁的代码、快速的响应、可复用的控件才是他们所关注的。前端工程师并不是有意将界面底色做成白色、去掉渐变和阴影，他们可能根本就没有看出来设计方案中的底色是浅灰色，按钮上有 1 像素的描边和阴影……

所以完成设计方案并不是设计工作的结束，在前端、开发、测试阶段，设计师需要跟进项目进度：首先要注意沟通到位，让前端工程师知道设计师想要的效果究竟是什么，哪些是设计要点，需要 100% 还原；其次是规范自己的设计方案，与前端采用相同的标准，在设计时提前想到前端实现时会遇到哪些问题，并在设计方案中注明；最后要在开发完成后，进行设计走查。

勤于沟通

在设计过程中，如果发现一些功能设计或是交互效果在实现时存在技术难度，一定要提前和工程师沟通，确保设计方案是可以实现的。如果在整个设计做完之后，才得知一些效果难以实现，或是需要耗费很长时间、很大的精力才能实现，那么辛辛苦苦做出的设计方案很可能就要推倒重来。

在设计完成后，一定不能把设计方案打包发给工程师后就甩手不管，因为写在设计说明中的文字描述并不是每个人都会一字一句看完，有些自己认为很明显的重点标注，还是有可能被忽略。在设计方案完成后，一定要与前端工程师进行当面沟通，把最重要的设计点详尽地描述给他们，需要特别注意的地方也要再次强调，这样确保前端工程师可以正确理解设计，而不会忽略重要设计点。

在开发进行的过程中，设计师也要持续跟进。也许在设计过程中，设计师已经尽可能全面地考虑了产品的所有交互状态，但在开发时，仍然有可能遇到疏漏的地方，所以解答开发工程师在开发时遇到的关于设计方面的问题，了解开发进度，都是设计师后续要做的事情，如图8-5所示。

图 8-5　勤于沟通

统一的规范和标准

在设计实施阶段，设计师会对设计方案进行标注和整理规范。这样做一是为了使产品各个界面规范统一，二是为了方便前端工程师，在写界面时不必再去一像素一像素地量尺寸，保证最后界面的尺寸与设计方案一致，如图8-6所示。

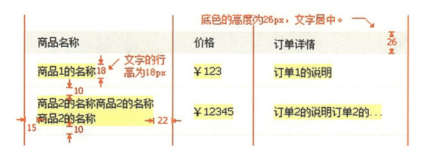

图 8-6　在设计方案上标注具体尺寸

但需要注意的是，设计师在标注时，一定要采用与前端工程师相同的规范和标准。如果设计师标注行高时，标注的是文字之间的距离，而前端工程师写界面时，行高的标准是"文字高度＋上下空隙高度",那么前端工程师在看到设计师标注的尺寸时,还要换算成自己需要的尺寸,标注的意义就会大打折扣。

设计走查

在前端和后台开发完成后,设计师还需要再和开发人员确认最终的效果。可以在上线前要求工程师预留一些时间,配合设计师进行确认,如图 8-7 所示。

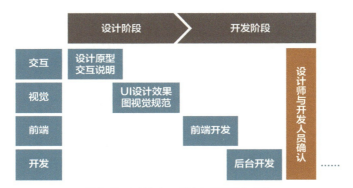

图 8-7 设计师与开发人员需要最终确认

设计师需要在测试环境下最终确认的内容包括交互动作、操作及其反馈、交互控件的各种状态、极端、极限和出错的情况、默认值是否正确、第一屏高度、悬停状态、文案、视觉样式、色差、尺寸间距、图片质量、是否符合栅格规范等。设计师也可以配合测试工程师撰写测试用例,更好地保证上线后的产品与设计方案一致,如图 8-8 所示。

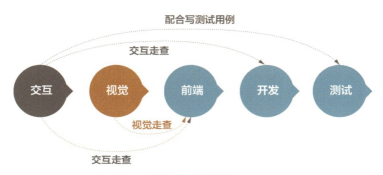

图 8-8 设计走查

第 **9** 章 成果检验——设计优劣可以判断

到了这一步，设计工作的重头戏似乎都已经完成了。但是，这依然还不是终点。不管是产品经理还是设计师，此刻一定都非常关注设计方案的结果到底如何：是否达到了商业目标，用户是否满意，用户实际使用的情况如何，等等。这时，需要使用一些方法来检验设计成果。

在上线前或预上线阶段，一般使用可用性测试和 A/B 测试的方法；在上线后，一般通过收集用户反馈、产品数据的方法对设计方案的优劣进行检验，如图 9-1 所示。

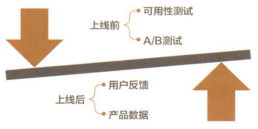

图 9-1　检验设计成果的方法

这些方法看似专业，执行起来却并不困难。例如做简易可用性测试并不需要多少时间，在遇到争议时还可以借此说服别人；建议产品经理做 A/B 测试只需要张一张嘴，产品经理可能还会觉得你很专业；至于上线后的用户反馈及产品数据，如果产品经理没有对外公布，你也可以主动要。多做一点，你的价值就放大一点。

那么这几种方法具体该如何操作呢？下面就逐一介绍。

9.1　可用性测试

设计师 A：“针对这个设计方案，大家持不同意见，讨论很激烈。”

设计师 B：“我对这个地方非常纠结，两种设计方案各有利弊，实在难以取舍。”

设计师 C：“设计方案出来了，但是不知道效果如何。”

设计师 D：“为什么不试试可用性测试呢？简易可用性测试只需要耗费很短的时间，却很容易发现问题。”

……

什么是可用性测试

可用性测试是改善产品的最佳方式之一。每个设计师都应该至少掌握简易可用性测试的方法。

为什么要使用这种方法？很多人在讨论设计方案时，总会说“我觉得”“用户觉得”“用户认为”……实际上，这些都是个人的主观想法，在进行用户测试之前，没有人能知道用户在实际使用你的产品时会怎样。虽然设计师可能会凭借经验排除掉一些缺陷较为明显的设计方案，但仍然无法预测到所有的情况。

可用性测试到底是什么？简单地说，就是通过观察用户使用产品，发现产品中存在的问题的一种方法，如图 9-2 所示。

在测试前，设计几个能反映出产品核心操作的任务。招募 5 名左右的用户，这些用户最好可以代表产品的真实用户。在测试中，仔细观察有代表性的用户对于典型任务的操作情况，记录发现的问题。在测试完成之后，对发现的问题进行分析，并找出最严重的问题。通过优化这些问题，可以在很大程度上提升产品的操作体验，如图 9-3 所示。

图 9-2 可用性测试场景　　　　　　图 9-3 可用性测试的流程

设计测试任务该注意些什么

给出使用目标，而不是直接的操作

例如你要测试一个收藏文章的功能是不是易于使用，如果把测试任务设计成"请你找到喜欢的文章，点击收藏按钮"，会使测试任务变成考验用户的眼神好不好，是不是能发现那个按钮。引导性过强的测试任务很难达到测试目的。

如果将测试任务改成"有篇文章你很喜欢，以后还想再找到它，你会怎么做呢"则更合适一些，因为这样更贴近用户真实的使用场景。

用户在实际使用产品时，考虑的是使用目标，而不是具体的操作和功能。因此测试任务一定要反映出用户真实的使用目标，这样才能测试出产品的可用性。

尽量选择最重要、最频繁的任务进行测试

在实际工作中，人们的时间和资源都有限，如果测试任务过多，会导致用户容易疲劳，从而影响测试效果，所以建议测试时间控制在 1 小时之内。除去测试前的欢迎和说明工作，一般测试任务的时间为 30 ～ 50 分钟，选择 5 ～ 8 个功能点进行测试。测试任务主要覆盖产品的核心操作。简易可用性测试时间则更短，可以灵活考虑。

符合正常的操作流程

测试任务一般都不止一个，为了模拟真实自然的场景，测试任务的顺序应该符合正常的操作流程。如在测试写博客的网站时，测试任务设计为"登录—撰写标题—撰写文章—插入图片—插入音乐—发表文章—分享"就很符合逻辑，如果打乱正常顺序，会使用户感到突兀。

测试用户的选择

选择有代表性的用户

如果你要测试一个购买彩票的网站，选择从来没有买过彩票的用户肯定不合适。如果要测试一个以女性用户为主的导购类网站，选择男性用户来进行测试，结果也不可能准确。选择的用户应该尽可能地能够代表真实用户，另外要关注被测用户的产品使用经验和行为（如与该产品相关的经验、与相似产品相关的经验、用户的网络使用经验等），选择出最有价值的测试用户。

如果有充足的时间和精力，可以调用产品数据，获得用户资料，邀请符合目标用户特征的外部用户来进行测试。如果是时间紧迫的快速可用性测试，可以直接邀请同事或朋友。需要你注意的是，一定不要找同部门、同产品线的同事。因为他们对产品过于熟悉并且容易站在职能的角度看问题，这样会影响测试结果的准确性。

用户数量的选择

在用户数量的选择上，有调查表明，5 名左右的用户可以发现大约 85% 的问题。随着用户数量的增多，发现的新问题会逐渐减少。但前提是招募到的是有代表性的目标用户，否则数量再多可能也发现不了有价值的问题。所以一般小的功能点，测试 3 ~ 5 名用户即可。新产品、较大的改版和重要功能，可以测试 5 ~ 10 名用户，如图 9-4 所示。

测试过程中的注意事项

在一切都准备就绪后，最重要的测试环节就要开始了。测试人员要尽量营造出轻松自在的环境，告诉被测用户要测试的是产品的问题，而不是考验用户。鼓励用户大胆表述，不必为犯错产生顾虑。在测试过程中，需要注意以下问题。

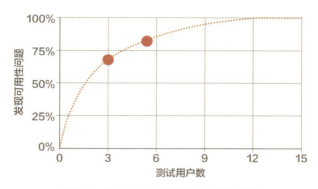

图 9-4　5 名左右用户可以发现大部分问题

切忌过多引导

可用性测试中最忌讳的就是引导性过强，测试人员要做的只是默默地观察和记录。在测试过程中，当用户遇到困难时，可以适当鼓励，但尽量不要提供帮助，不要尝试教用户怎样操作。例如用户不知道怎样对商品进行收藏，测试人员说"你可以尝试在界面上找一找收藏按钮"，肯定会影响测试效果。也不要提出带有明显喜好性的问题，如"你是不是比较喜欢这个颜色的按钮""如果这个对话框再大一点你会不会更容易发现"等。

操作行为永远是重点

操作行为是最直接、具体且客观的用户反馈。用户的语言有可能带有欺骗性，这并不是因为用户故意撒谎，而是他们可能会揣测测试人员的喜好，给出他们期望的答案。真实的行为则不会骗人，所以测试人员应该减少对用户的语言干扰，更多地关注用户行为。可以鼓励用户采用"出声思维法"，即要求用户在操作时，将完成任务时所有的思考、行为、感受都描述出来，这样测试人员更容易发现用户行为背后的原因。

不要忽视现场反应

除了直接观察操作行为，用户在现场的一些细微反应也值得注意，如表情、在操作过程中发出的声音和下意识的动作等，这些往往可以暴露用户最真实的心态。如果在操作过程中，用户无意识地发出"咦？""哦……"的声音，就算他操作正确，也可能对产品存有疑问；眉头紧皱或是挠头思考，都有可能代表着产品的易用性不是很好，用户需要思考才能发现该如何使用。

考虑使用场景

每种产品都有一定的使用场景。如果测试的是使用场景比较固定的 Web 端产品，只要找一间安静的房间就可以进行测试。在进行测试时，测试人员一般会描述真实的使用情况。例如在优化购买彩票的网站时，为了测试网站的购彩流程是否快捷易用，测试人员会描述"现在还有 3 分钟就要停止销售了，你要迅速地购买一张彩票"。在测试导购网站是否可以推荐好的商品时，测试人员也可能会说"你的女朋友就快要过生日了，给她挑选一个合适的礼物吧"。

但如果测试的是移动端产品，就一定要考虑到移动场景的多样性。例如在为一款地图导航 App 做测试时，在安静的房间中很难测试到所有的可用性问题。大多数情况下，用户是在吵闹的街头、摇晃的公交车、移动信号不稳定的地铁环境下使用产品。最好能够走进真实环境去测试产品。

感谢被测用户，并给予一定报酬

在测试结束后，测试人员应该感谢被测用户的到来，并给予被测用户一定的酬劳，这一点也要在邀请用户时讲清楚。如果没有酬劳，也最好准备一些礼物或代金券送给被测用户以示感谢。测试地点最好让人感到舒适自然，在放松的环境下被测用户更容易展示出真实的一面。记住准备一些零食和水，当被测用户感到劳累时，可以让他休息，补充一些零食，及时得到放松。

问题的分析与改进

在测试完成之后，可以趁着记忆还在时，把有用的问题快速整理出来。如果测试时进行了录音或是摄像，重看录像或重听录音也许可以发现更多问题。

测试结果通常会反映出大量的问题，零散的问题不便于分析和比较，量化的标准可以帮助设计师更加直观地分析问题。整理问题时，可以按照问题频数、严重等级、优先级和违反的可用性准则这几项标准进行整理，如图 9-5 所示。

首先，衡量测试中暴露的问题违反了哪些可用性准则，如图 9-6 所示。

然后为问题的严重性做一个排序，这可以给项目组的成员做参考。如果时间有限，无法解决测试中的所有问题，可以优先解决严重且紧急的问题，如图 9-7 所示。

图 9-5　可用性测试考量标准

准则	描述
符合用户使用需求	产品所具有的功能须用来支持用户特定的需求
易学性	对于新手或间歇性用户来说，要容易学会、理解和不易遗忘
一致性	减少在不同环境中因词语、结构、形式等的不同而导致用户不必要的思考和错误
易于辨识	在看到每个内容组织时能容易快速地定位到想要的内容
有效的反馈信息	在用户进行某个操作之后，须有相应的反馈通知用户系统已经完成操作或者操作失败
方便快捷	能使用户以最少的操作完成相应的任务，达到目的
预防出错	降低用户错误操作的可能性
容错性	允许用户进行尝试和出错，并且对操作和系统不会造成破坏性影响，可以从错误中进行恢复
再认而不是再现	尽量让用户选择而不是回忆
符合认知习惯	不违背用户的经验及认知习惯
用户自由控制权	出错时用户不需要做多余的动作，有紧急出口，允许撤销和重复
帮助和说明	必要的帮助提示和说明

图 9-6　可用性准则

严重等级	描述	界定标准
1	不可用	用户不能以及不想使用产品的某个部分
2	严重	用户可能使用或尝试使用产品的某个部分，但是受到限制，或在解决问题时遇到很大的困难
3	中等	用户在大多数情况下均可以使用产品，但需要付出一定的努力去解决问题
4	轻微	问题偶尔出现，并可绕过，或问题来源于产品的外在环境，也可能仅仅是外观问题

图 9-7　严重等级界定标准

图 9-8 为可用性问题的量化评估表，可以直观地看出测试暴露的问题。

编号	问题描述	优先级	违反的可用性准则	严重等级	问题频数
1	用户支付方式不方便导致无支付意愿	7	方便快捷	2	3
2	活动内容不易识别	7	易用性	3	4
3	活动流程复杂	6	易用性	3	3
4	兑换成功页引导不符合用户期望	4	符合认知习惯	3	2
5	活动标题无详情页	3	预防出错	1	1

图 9-8   可用性问题的量化评估表

灵活运用可用性测试

一说到可用性测试，很多设计师会望而却步，会说"它会占用很多时间的""我们没有用户研究员""我们的用户研究员暂时没有时间""写报告太麻烦了""专业的设备很贵""我申请不到提供给被测用户的酬金和礼物""我平时总想不起来，一般也没那个条件""现在都快上线了，做完也来不及改了"……

其实可用性测试的门槛可以非常低，不一定要等产品完全开发完毕才开始，不一定要由专业的用户研究员来做，不一定需要专业的设备，也不需要循规蹈矩地完全按照流程去操作。在实际工作中，我并不推荐经常使用成本较高、正式的可用性测试，而是建议在设计过程中多次使用简易可用性测试的方法。毕竟能解决问题才是最重要的。

如果有专业的用户研究员，可以先对产品经理和设计师进行简易可用性测试的培训，让他们了解一些必要的注意事项，之后就可以由他们自行完成测试了。如果没有专业的用户研究员，大家可以查资料学习，然后通过实操积累经验。你可以测试竞品、纸面原型、低保真设计原型等，只要你有想了解的内容，只要你想知道用户对你现阶段的设计方案评价如何，都可以进行可用性测试。邀请不熟悉这个项目的同事或朋友，花上一小段时间，观察被测用户的操作过程，再进行简单的访谈，并记录下重点就可以了。

著名建筑师弗兰克·劳埃德·赖特（Frank Lloyd Wright）说过"修改草稿只需要橡皮，修改实际产品则需要铁锤"。尽早展开简易可用性测试，及时发现问题，留出充足的时间去解决和改进问题。在产品早期，由于还没有涉及开发测试等环节，修改的代价会小很多。并且面对粗糙的纸面原型时，用户更愿意大胆评论，因为他们知道肯定要修改，而且修改成本不高。

不过由于测试 Demo 过于简陋，用户没法真正完成整个操作，测试的准确度会有所下降，因此在设计初期进行的可用性测试，更加偏向于发现操作流程上的问题，一些设计的细节可能会测试不到。

所以有条件的话，可以在设计过程中进行多次简易可用性测试；在设计已经非常完善时，使用高保真设计原型或在内测环境下再次进行较正式的可用性测试，发现细节层面的问题。

正所谓"方法是死的，人是活的"，在工作中学会根据项目情况灵活运用可用性测试方法，会让设计师事半功倍。

9.2　A/B测试

可用性测试是一种定性分析的方法，而 A/B 测试是一种定量分析的方法。定性分析样本量小，结果未必完全可靠，但可以了解到用户的真实想法；而定量分析虽然样本量大，结果较为客观，但很难直接通过数据了解到背后的原因。两种方法各有利弊，一般采用定性分析与定量分析相结合的方式。

什么是 A/B 测试呢？顾名思义就是 A 方案和 B 方案的比较。为同一个目标设计两个设计方案，一部分用户使用 A 方案，一部分用户使用 B 方案，通过用户的使用情况，衡量哪个设计方案更优，如图 9-9 所示。

在做 A/B 测试时，需要重点注意些什么呢？

设定衡量标准

在进行 A/B 测试之前，首先要为测试结果设定衡量标准。有了统一的标准，才能比较出设计方案的优劣。怎么选择标准呢？这就要根据产品情况灵活考虑了（一般由产品经理根据产品要求来确定）。从产品目标的角度出发，可以将 PV（页面访问量、UV（独立访问数）、点击量、转化率、跳出率、二次返回率等数据作为衡量标准；对

于电子商务类网站，可以考量下单数、支付数、支付金额等。要在测试前提前和开发
工程师沟通，从产品日志中提取相关数据。

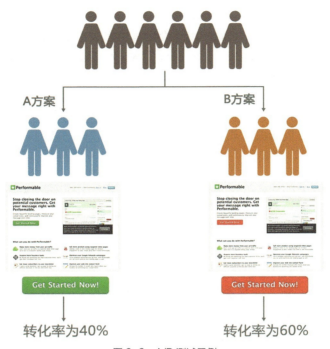

图 9-9 A/B 测试示例

对同一个用户呈现相同的界面

如果用户在使用网站时，现在看到的是 A 方案，10 分钟之后看到的又是 B 方案，
那他一定会被搞晕。A/B 测试需要保证同一个用户在这段测试期间，看到的都是同一个
设计方案。虽然看到不同的设计方案对测试结果没什么影响，但这会降低用户对产品的
满意度。

保证两个版本同时测试

这一周测试 A 方案，下一周测试 B 方案，这种测试方法带来的数据肯定不会准
确。因为两个版本的环境变量差别太大：也许 A 方案更合理，但因为投放 B 方案的
那一周做了促销活动，转化率反而远远超过了 A 方案。只有保证两个版本同时测试，

才能保证数据的准确性。

建议单一变量

对于 A/B 测试来说，最好能够控制单一变量。什么意思呢？就是不要测两个差异过大的设计方案，只测试某一个因素导致的变化。例如测试按钮、标题或说明的文案、产品界面上的图片、界面的结构布局或色彩风格等。

图 9-10 中的电影推广素材，A 方案和 B 方案选取了电影中不同的人物，"选座购票"按钮的颜色也不同。就算拿到测试的数据，也很难确定是因为素材人物还是按钮颜色不同导致的。

图 9-10　存在两个变量的电影推广素材

图 9-11 中的推广素材上只有人物的选取不同。测试结果数据显示，B 方案比 A 方案的点击量多了 40%，可以证明选取灰袍巫师甘道夫为主体人物更受欢迎。虽然霍比特人比尔博·巴金斯才是这部电影的主角，A 方案中的人物看起来也更有神秘色彩，但是甘道夫在魔戒三部曲中的形象已经深入人心，因此更能吸引用户去点击。

图 9-11　单一变量的电影推广素材

A/B 测试的延伸——灰度发布

如果你想对网站进行改版，但又不确定用户会不会喜欢新的版本，可以采用一种与 A/B 测试很类似的方法——灰度发布。灰度发布是一种用于平滑过渡的发布方法，将旧版本作为 A 方案，新版本作为 B 方案，让一部分用户继续使用旧版本，一部分用户切换到新版本，然后观察用户反馈和产品数据。如果用户反馈不错，那么可以逐步扩大范围，直至全部升级；如果部分用户在使用新版本的过程中发现一些问题，可以及时优化；另外还可以同时对比新版本与旧版本的产品数据，如 PV、UV、转化率、跳出率等，直观地看出改版的成果或差距。

图 9-12 中，在对一个彩票模块进行优化时，将 50% 的用户切换到了新版本，设定统计数据为支付转化率和二次返回率。在进行了一周的观察之后，提取用户访问数据，发现新版本的支付转化率提升了 22%，二次返回率提升了 8%。这样的测试结果，使设计师对新版本的发布更加有信心。

图 9-12　彩票模块改版的灰度发布

9.3　定性的用户反馈和定量的产品数据

可用性测试和 A/B 测试一般是在上线前和预上线时对产品及设计方案进行的检验；而用户反馈和产品数据则体现了上线后，用户在真实环境下使用产品的情况，是更加实实在在的检验。那么上线后，应该如何分析用户反馈及产品数据呢？

收集并读懂用户反馈

收集用户反馈

想要收集用户反馈并不复杂。对于线上的产品，可以在界面上放置一个"用户反馈"入口，让用户在遇到问题时直接填写反馈。对于新产品以及重大的改版产品，可以通过电子邮件、首页链接等方式主动发放调查问卷，收集用户意见。如果你的产品有在线客服或产品论坛等功能，也可以让客服人员把每天咨询最多的问题收集汇总给你，或直接"潜伏"到微博、论坛中看看用户的吐槽，获取第一手反馈资料，如图 9-13所示。

图 9-13　意见反馈和在线客服

对于手机 App 来说，还有一个最简单方便的办法可收集用户反馈，那就是看应用市场评价。无论是苹果的 App Store，还是安卓的 Google Play，又或者是豌豆荚、应用助手等第三方应用市场，都可以找到大量的评分、评论信息，如图 9-14 所示。

总之，收集用户反馈的途径多种多样，关键是要把自己当作产品的主人，主动去获取，还要有足够的耐心和洞察力，从千千万万的反馈中发掘真正有价值的信息。

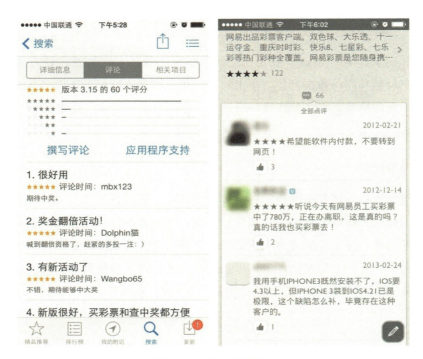

图 9-14　手机应用市场

分析用户反馈

从各处收集到用户反馈后，需要将内容分类、整理，才能快速从中发现产品问题。图 9-15 是从一个手机 App 的用户反馈系统中导出的内容，有反馈 ID、反馈问题、反馈时间、来源等信息，反馈的问题也并不都是有价值的，需要对它进行过滤并归类整理。

可以从内容、功能、使用流程、设计、Bug 和新功能建议等几个方面对问题进行归纳。有些问题是产品和运营的同事需要解决的，有些问题是开发工程师需要解决的，对于信息架构、使用流程、易用性和 UI 设计方面的问题，设计师们可以考虑一下，看是否需要优化，如图 9-16 所示。

在对问题进行整理之后，还需要对用户反馈进行分析处理。关于如何筛选有价值的反馈信息，用户反馈的问题是否要全盘接受，如何从反馈中探索出真实需求等问题，可以参见，“5.2 倾听用户的声音”中的内容。

	A	B	C	D	E	F	G	H	I	J
1	反馈ID	问题类型	反馈问题	反馈时间	状态	用户满意度	客服姓名	回答	来源	
2	1316		用网易通行证总是登陆不了，提示”网络请求失败”！这是怎么回事？我在电脑上	2013-03-06 14:30:58	未处理				手机客户端吐槽-iPhone	
3	1315		还是没有广西柳州········	2013-03-06 14:02:50	未处理				手机客户端吐槽-iPhone	
4	1312		没有广西柳州，速度更新	2013-03-05 19:22:35	未处理				手机客户端吐槽-iPhone	
5	1311		tesy	2013-03-05 12:49:50	未处理				手机客户端吐槽-iPhone	
6	1310		真不好用，哈尔滨不能用啊	2013-03-05 11:34:06	未处理				手机客户端吐槽-iPhone	
7	1309		1，能否将电影票输出到我江苏移动公司官网，供用户使用移动积分、商城币兑换电	2013-03-05 09:42:39	未处理				商务合作	
8	1308		能否进行票务合作，供江苏移动用户积分商城币兑换影票。	2013-03-05 09:42:09	未处理				商务合作	
9	1307		wwww	2013-03-05 09:40:18	未处理				商务合作	
10	1306		不支持WiFi老是说网络错误	2013-03-04 21:38:53	未处理				手机客户端吐槽-android	
11	1303		什么都没有	2013-03-04 10:27:18	未处理				手机客户端吐槽-android	
12	1302		怎么显示不出来数据。	2013-03-04 07:32:07	未处理				手机客户端吐槽-android	
13	1301		可以改进一下吗？增加支持信用卡！	2013-03-04 01:01:57	未处理				手机客户端吐槽-android	
14	1300		我戳银川没有影院？	2013-03-03 23:00:02	未处理				手机客户端吐槽-android	
15	1299		为什么自动常驻内存，频繁请求当前精确位置？	2013-03-03 22:31:59	未处理				手机客户端吐槽-android	
16	1294		没有广西柳州的信息	2013-03-03 07:32:40	未处理				手机客户端吐槽-iPhone	
17	1291		推送信息扰人！麻烦取消或者设置可以自行取消	2013-03-02 18:52:59	未处理				手机客户端吐槽-android	
18	1290		淘的电影票比现场还贵20，真坑爹	2013-03-02 18:19:45	未处理				手机客户端吐槽-android	
19	1288		定了票没收到短信，悲剧。。。。	2013-03-02 17:47:22	未处理				手机客户端吐槽-android	
20	1285		导航非常不精准，甚至很狗屎，昨天让我走了冤枉路，耽误了时间不说，还错过了	2013-03-02 12:59:17	未处理				手机客户端吐槽-iPhone	
21	1284		霍比特人，不就是魔戒的前传嘛！	2013-03-02 12:33:50	未处理				手机客户端吐槽-android	
22	1282		绍兴咸亨影城什么时候会有订票功能	2013-03-02 05:56:05	未处理				手机客户端吐槽-iPhone	
23	1281		怎么什么都搜不到	2013-03-02 01:09:00	未处理				手机客户端吐槽-android	
24	1280		选择生成订单前往支付页面，想返回都反不了，点确定都不让返回，别人不想买了	2013-03-02 01:07:10	未处理				手机客户端吐槽-android	
25	1279		test	2013-03-01 23:22:47	未处理				在线反馈	
26	1277		山高皇帝远，小城市为什么都一片空白	2013-03-01 21:51:19	未处理				手机客户端吐槽-iPhone	
27	1276		没有吉林市信息	2013-03-01 21:25:43	未处理				手机客户端吐槽-android	
28	1275		怎么没有莱芜的呢	2013-03-01 19:26:08	未处理				手机客户端吐槽-android	
29	1274		网易，你真牛逼。同样的电影，在电影院买票只要35元，在你这买票还要38，你这	2013-03-01 18:56:28	未处理				手机客户端吐槽-android	
30	1273		招行卡无法支付哦，亲	2013-03-01 18:54:02	未处理				手机客户端吐槽-iPhone	
31	1272		怎么预定电影票	2013-03-01 15:00:10	未处理				手机客户端吐槽-android	
32	1271		贵贵贵	2013-03-01 13:29:26	未处理				手机客户端吐槽-android	
33	1270		很好	2013-03-01 12:51:27	未处理				手机客户端吐槽-android	
34	1269		为什么登上去，没有影片！！！	2013-03-01 12:02:46	未处理				手机客户端吐槽-android	
35	1267		金华市婺城区怎么没有影院	2013-03-01 11:17:47	未处理				手机客户端吐槽-android	
36	1266		连云港 怎么一个电影院都没有 是不是连云港很受鄙视	2013-03-01 10:07:25	未处理				手机客户端吐槽-android	
37	1264		辽宁鞍山这么多电影院怎么就一个金逸...还在软件上订不到票...	2013-03-01 06:30:35	未处理				手机客户端吐槽-android	
38	1262		没有720P版本的，用起来不爽！	2013-02-28 23:53:16	未处理				手机客户端吐槽-android	
39	1261		为什么没有温州这个城市的电影	2013-02-28 23:49:21	未处理				手机客户端吐槽-android	
40	1260		推送可不可以选择关闭？！	2013-02-28 23:37:08	未处理				手机客户端吐槽-android	
41	1258		没有广西柳州的信息	2013-02-28 16:09:21	未处理				手机客户端吐槽-iPhone	
42	1256		我想知道为什么没有万达的影院?	2013-02-28 13:39:43	未处理				手机客户端吐槽-android	
43	1255		没有江西赣州？请加入啊！！	2013-02-28 11:26:35	未处理				在线反馈	
44	1253		有选座功能太好了	2013-02-27 20:48:49	未处理				手机客户端吐槽-android	
45	1252		银川市作为省会城市都没订票信息。	2013-02-27 18:05:22	未处理				手机客户端吐槽-android	
46	1251		定康	2013-02-27 17:14:41	未处理				手机客户端吐槽-iPhone	
47	1250		为什么就不能关掉推送呢	2013-02-27 17:02:53	未处理				手机客户端吐槽-android	

图 9-15　从用户反馈系统中导出的内容

用产品数据检验产品目标

在产品立项之初，产品经理会从公司角度出发，制定出新产品上线后要达到的产品目标。这些目标可能是点击量、转化率提升多少，也可能是销售额、网站营收要达到什么样的数字等。设计师可能会觉得这些商业数字和自己的关系不大，它们都是产品经理和运营推广人员需要操心的事，但商业价值与用户需求的平衡也是设计师需要考虑的问题，况且好的设计也一定能给公司带来价值。当然，产品数据是否达到产品目标，并不是设计一方面可以决定的。运营推广加大力度、技术方面的优化等，都可以使产品数据上升。我们很难量化运营推广、技术、设计分别给产品带来了多少价值，但产品的进步和每个环节都分不开。所以这些可以量化的产品数据，也是检验设计成果的一个方面。如果想进一步了解设计与产品、商业之间的关系，以及如何让设计师的工作更具主动性和价值，请阅读《破茧成蝶 2》。

分类	问题反馈	反馈次数
内容	支持影院较少	5
	支持城市较少	4
	收到推送信息过多	2
	预告片清晰度不够	1
	建议与豆瓣评分打通	2
功能	不支持招行支付	2
	不支持信用卡支付	2
	不能在线选座	1
使用流程	订单失效，但付款已扣除，怎么办	1
	如何退票、改票	3
	如何取票	1
	找不到位置筛选	1
	无法修改手机号	2
设计	界面颜色过深	1
	字体略小	2
Bug	点击影院闪退	1
	新版本无法评论	1
新功能建议	建议增加快捷支付	2
	建议增加余座显示	1
	建议增加影院收藏	1

图 9-16　用户反馈归类

第三篇　价值篇

第**10**章 设计师的自我修养

10.1 如何变得更优秀

通过前面的内容，我们大体可以了解优秀设计师的特征。如何变得优秀？可以从 3 方面来提升自己，即专业、沟通、流程。

很多设计师看了大量专业书，有比较丰富的理论知识，做过的项目也不少，但是在工作中起到的作用还是非常有限。因为设计师不仅需要很强的专业技能，还需要良好的沟通能力、组织能力、流程意识，这样才能把自己的专业能力真正发挥出来。

这里说的流程意识，并不是指了解了第 4 章"设计流程——设计师具体做什么"的内容就可以了。标准的流程虽然较为固定，但是结合具体情况，每个公司、每个项目又会有所差别。设计师需要根据产品、项目的具体情况，选择合适的流程并落地执行，能灵活运用才是最重要的。就像"5.3 设计师的逆袭"里提到的那样，会灵活运用规则的设计师即使遇到非常规情况，也能找到相应的方法来解决。另外设计师需要考虑如何提升项目效率，在设计方法和设计流程上进行一系列改进和突破，并巧妙地与团队成员进行配合，把优秀的设计方案顺利地在项目中执行下去。这正如第 6、7、8、9 章里提到的内容。

只有把专业的理论知识融入项目，能很好地和团队成员沟通、协作，执行好设计方案，才能真正体现出设计师的价值。作为用户体验设计师，不能仅仅把自己定位成一个专业人员，而是要把自己当作一个具有专业技能的组织者、推动者、强大的执行者，这样才能在复杂的工作环境中处变不惊、游刃有余。

所以要想变得优秀，不要先追逐"外功"，而是修炼好"内功"，内外兼修，方可成事。

10.2　学会思考，事半功倍

兴趣是天生的，很难被刻意改变；个人素养是后天慢慢形成的，不是看几本书就可以改善的。关于各种设计理论的书比比皆是，我在前面也提到过很多了，所以这里我想单独说说关于思考的问题。

思维能力是可以通过后天培养的，且具备良好的思维能力是成为优秀设计师的必备条件。在工作中，能看到很多这样的人，他们有多年的经验，但能力却并未得到相应的提升。其中很重要的一个原因就是他们缺乏良好的思维能力。如果一个人不会思考，即使他有很多的项目经验，读再多的专业书籍，也难以在工作中有实质性的进步。设计师要想迅速提升，一定要养成思考的习惯，多问自己一些为什么，这样在工作中才能不断积累，不断提高。

有的人可能觉得，在学校学习成绩好的人就是会思考的人，但事实并非如此。我见过很多名校毕业的学生，可以说他们学习背景很好，在校成绩很高。但是在工作中，你会发现不是每个人都会学习和思考。在学校会考试和在工作中会思考绝对是两层含义。为什么会这样呢？

想想小时候，你经常听到这些话吗

"让你做什么你就去做，别问那么多为什么。"

"你怎么那么多为什么啊，你整个儿一个十万个为什么。"

"你敢不听老师的话，去把这个抄100遍！或者去墙角罚站！"

"听话的孩子是最乖的。"

"××是个听话的孩子，大家要向他学习，你看他坐在座位上，一动都不动！"

"邻居家的孩子这次又考了满分，你再看看你！"

于是人们不敢去质疑权威，不愿意去深度思考，习惯等着别人告诉自己该怎么做，若是真的不明白也不好意思问。在快节奏的社会压力下，往往没想明白就匆匆做决定。按部就班地活着，把别人的意愿当做自己的目标还浑然不知。

现在，是时候改变了。

想象一下下面两个场景，你会怎么思考？

场景一：领导让你去准备一份 ×× 产品的行业调研报告，但说得很不详细

员工甲："天啊，这是个什么东西啊，该怎么写啊？"

员工乙："不知道这是什么啊，上网搜搜类似的文章交差吧，领导估计也看不出来。"

员工丙："领导的真实用意是什么？他想从中得到什么信息？"

员工甲遇到自己不会的问题马上就慌神了，完全不知道该从何下手；员工乙"经验比较丰富"，马上上网搜题目类似的文章，抱着应付差事的态度；而员工丙首先想的是领导的需求到底是什么，他要这个东西是要做什么。因此员工丙提交的行业调研报告更容易达到或超出领导的预期。

场景二：用户强烈要求在产品中增加 ×× 功能

设计师甲："要倾听用户的声音，用户有这个需要，马上加。"

设计师乙："有了 ×× 功能，最好有 ××1，××2 功能与之配合，有了 ××3 功能更完美。需不需要 ××4 功能呢？"

设计师丙："用户为什么需要这个功能？他想满足一种什么需要？解决这种需要用简单的 ×× 功能（另一种功能）其实更合适。"

设计师甲犯了"纸上谈兵"的错误。做产品确实要倾听用户的声音，但不是用户所说的就照单全收，而是要有自己的思考；设计师乙确实有充分的思考，而且想得非常细致周到，但他依然被用户牵着鼻子走，没有从用户的表面需求中考虑到用户的真实需求；设计师丙则抓住了问题的本质，他提出的设计方案很可能更容易让用户满意。

福特汽车公司的建立者亨利·福特（Henry Ford）说过这么一句话："如果我问我的用户，他们只会说要一匹更快的马。"如图 10-1 所示。

图 10-1　亨利·福特和他的汽车

如果亨利·福特没有思考用户需求的本质，只是盲目地顺着用户的要求走，去想办法让马跑得更快，那么就不会有后来伟大的福特汽车公司了。

Why，What，How 三步分析法

现在大家应该明白如何去思考和分析问题了，在这里我再简单总结一下，如图 10-2 所示。

图 10-2　如何思考和分析

Why：得到外界结论时先思考为什么。

What：对现状进行更深层次的解读。

How：在已知的基础上，如何做得更好。

举个设计方面的例子

这是一个各地月平均降雨量的统计表，需要对设计进行一些优化，如图 10-3 所示。

AVERAGE RAINFALL(INCHES/MONTH)

	JAN	FEB	MAR	APR	MAY	JUN	JUL	AUG	SEP	OCT	NOV	DEC
San Fran	4.35	3.17	3.06	1.37	0.91	0.11	0.03	0.05	0.20	1.22	2.86	3.09
Seattle	5.35	4.03	3.77	2.51	1.84	1.59	0.85	1.22	1.94	3.25	5.65	6.00
Chicago	1.53	1.36	2.69	3.64	3.32	3.78	3.66	4.22	3.82	2.41	2.92	2.47
New York	3.17	3.02	3.59	3.90	3.80	3.65	3.80	3.41	3.30	2.88	3.65	3.42
Miami	2.01	2.08	2.39	2.85	9.33	9.33	5.70	7.58	7.63	5.64	2.66	1.83

图 10-3　降雨量统计表

Why：为什么统计表应该是这个样子的呢？它面向的是什么样的群体呢？这类群体阅览起来方便吗？可能出现哪些困扰呢？（回答：表现形式不直观，不能一目了然地感受到数据间的对比情况）

What：这是一个关于数据的统计表，它的目的是对各地区、各时间段的降雨量做一个对比，让非专业的用户了解全年各地降雨量的情况。所以优化设计的目的是让降雨量统计表更直观、更易读。

How：可以考虑用色块深浅来代表降雨量的多少，颜色越深代表降雨量越大，这样可以解决表现形式不直观的问题，如图 10-4 所示。

AVERAGE RAINFALL(INCHES/MONTH)

	JAN	FEB	MAR	APR	MAY	JUN	JUL	AUG	SEP	OCT	NOV	DEC
San Fran	4.35	3.17	3.06	1.37	0.91	0.11	0.03	0.05	0.20	1.22	2.86	3.09
Seattle	5.35	4.03	3.77	2.51	1.84	1.59	0.85	1.22	1.94	3.25	5.65	6.00
Chicago	1.53	1.36	2.69	3.64	3.32	3.78	3.66	4.22	3.82	2.41	2.92	2.47
New York	3.17	3.02	3.59	3.90	3.80	3.65	3.80	3.41	3.30	2.88	3.65	3.42
Miami	2.01	2.08	2.39	2.85	9.33	9.33	5.70	7.58	7.63	5.64	2.66	1.83

图 10-4　改良后的降雨量统计表

这样就结束了吗？优秀的设计师永远不会满足，永远会考虑更好的解决办法。由于这个统计表面向的是非专业的用户，因此数据本身并不是那么重要，更应该突出的是数据间的形象对比。所以后来改成了这样，如图 10-5 所示。

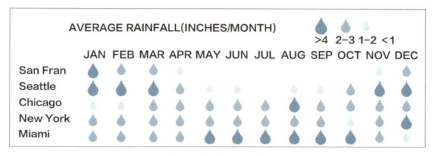

图 10-5　最终的降雨量统计表

举个工作方面的例子

还是 5.3.3 中的那个例子，现在要对一款摄影 App 做优化，产品经理给你的需求文档包含以下几点功能要求。

● 增加滤镜种类。

● 增加批量修改照片的功能。

● 增加自定义调节功能。

● 为同一款滤镜增加不同强度。

● 增加滤镜叠加功能。

Why：为什么产品经理给的需求文档包含这些内容？他是怎么得出这些结论的呢？这些真的是用户的真实需求吗？做了这些就可以在同类产品中更有竞争力吗？（回答：产品经理其实并没有真正接触用户，这些功能主要来自竞品以及产品经理个人的主观判断）

What：这是一些优化的需求，该产品有一定的用户基础。通过查询用户评论和反馈、访谈目标用户、研究竞争产品，最后得出设计目标。即提升滤镜品质、增加滤镜间的差异化、增加个性化滤镜、突出分享功能。

How：在已知的基础上，如何做得更好？这就要看设计师的设计水平了，如何通过友好而易用的界面、情感化的设计捕获用户的心。

从这个例子可以看出，掌握了正确的思维方法和专业技能，工作中的很多难题便迎刃而解。

10.3　在否定中积极成长

这一节的内容和个人素养有关，虽然这不是看几段话能改变的，但我还是想以个人经历来说明如何在工作中保持良好的心态，希望能对大家有一些帮助。

别害怕被否定

刚工作时，我所服务的业务部门只有我一名交互设计师，那时我的工作量很大，一个人跟好几个项目（其实都是些零零碎碎的东西），每天都非常劳累，但非常充实。那时很知足，觉得自己工作量大，成长得一定会比别人更快。

直到有一天，新来的前端工程师跟我说："你这根本不是在做交互，只是在绘制线框图而已，你很多状态、交互效果、逻辑都没想清楚，到我这里还有很多疑问，这样我怎么写代码呢？"真是一语惊醒梦中人，我这才发现，用错误的方法做事情，不管做了多少，也毫无用处，依然是在原地踏步，顶多是更熟练一些而已。所以从那时起，我开始注重界面背后的操作逻辑，写很详细的交互说明，力求做到完美。

渐渐地，我开始接触到比较完整的大型项目。刚开始时觉得很兴奋，但渐渐地就发现其实没那么好玩。当时最害怕的就是设计评审，作为一个新人，当面对一群并不太懂用户体验的老员工的围攻时，是那么无助和胆怯。每次评审过后，我之前精心设计的方案早已被一群"指点江山的评审人员"蹂躏得"千疮百孔、体无完肤"，不仅要被迫满足评审会上大家的各种意见，还要遵照产品经理的指令在设计原型上做出所有的动态效果，不能错过一个死角，哪怕是少了一个弹出框的关闭效果都要被打回去重新修改。

在这个过程中，我不断地对自己说："我这是在做设计吗？我完全就是个提线木偶。这不是我想要的状态，也不是我想要的结果，我要的是通过自己的专业能力去改变项目的现状，提升产品的体验。"于是我开始学会在设计时进行更多的思考、在评审之前做足准备以应对评审时各种质疑和建议，学会坚持自己认为正确的事情。虽然每次评审还是会很痛苦，经历各种挫折，但至少觉得在工作中不那么被动了。那时我意识到：只有自己变强，别人才能尊重你、信任你，才能和你平等对话。

由于我当时接触的项目比较多，因此也就有机会接触到形形色色的产品经理。我遇到过一个让我印象很深的产品经理。他从来不写需求文档，但是非常喜欢绘制线框图，他可能会用大半天的时间琢磨，怎么让线框图看起来更精美一些。付出总是有回报的，虽然他的设计方案经常有很多逻辑上的问题，但精美的线框图经常让人大呼"看起来好专业"，而他也在赞美声中更坚信自己有很强的设计能力。

当时的我是非常抓狂的，我无法接受一个非专业人士反而得到"外行人"的肯定，但很快我就开始调整心态。首先，他比我强的地方就是我的弱点，我需要努力改进；其次，我应该发挥自己专业方面的能力，发现他设计方案中的逻辑问题，并为他提供更好的设计方案，协助他改进。就这样，一段时间后，我的排版、布局、审美能力提高了，而他也学到了很多交互设计方面的知识，我们都得到了很大的提升。

总的来说，回顾以前的种种经历，发现每次进步都伴随着挫折和否定。但我真的感谢这些经历，没有当初被否定的我，也就没有后来逐渐被肯定的我。在遇到否定和挫折时，不要一味地灰心丧气，而要反思自己哪里做得不够好，积极改进，这样你就不会再被否定。

学会忍耐和付出

成为一名优秀的设计师，不是一朝一夕可以做到的，在刚入行时，需要学会忍耐和付出。

刚工作时，由于并非科班出身也没有经验，我每接触一个项目、一个功能点，都要绞尽脑汁，争取得到最好的设计方案。同样做一个东西，别人花一天时间，我可能要花两天时间，但是项目时间紧张，没有那么长的时间给我，我就只好利用下班和周末休息时间延续我的思考，即使这样做还是比其他人慢一些。好景不长，我很快便接到某产品经理对我的批评，认为我拖延时间、效率低。虽然她也承认设计质量还可以，但还是无法忍耐我的设计进度。

我知道，进度慢是由于我经验不足，但是只要我坚持对自己高要求，我就可以慢慢地提升。但如果我屈服于现状，为了达到产品经理的时间要求而牺牲设计质量，那么我永远成为不了高手。那段时间，我头上一直顶着"做得慢"的帽子，但是后来，我成功摘掉了它们，虽然现在还称不上高手，但我有足够信心花更少的时间，做出更优质的设计方案，这源于以前的充分积累。

当然，我并不建议设计新人过于坚持己见，而是要懂得平衡，既保证设计质量也要充分考虑项目的实际情况。不管怎样，千万不要抱怨，因为抱怨解决不了任何问题，大家唯一能做的就是改变自己，让自己变得更好。

识别真相

用户说的不一定是他心里想的，同理，同事对你说的也不见得是他心中真实的想法。

需求方可能经常跟你说，这个需求特别简单，很快就能搞定，于是你只给自己排了1天时间，等拿到需求文档时，发现其实比预想的要复杂很多，可能一周都做不完。但如果延期了，你又要承担责任。

你发现需求方给的设计原型有些问题，你好心修改了，但对方却在评审时提出各种质疑。你经过了解才明白，你不经意的"多管闲事"伤害了对方的自尊。

用户研究员说他最近没有时间帮你做人物角色，实际上他可能只是不认可现阶段使用这种方式。

前端工程师质疑你的设计方案，说某个控件完全没有必要，其实他只是觉得实现起来很麻烦。

开发人员说某个功能他们实现不了，其实他的潜台词是：给的时间太短了，我们做不完。

中国人一向含蓄，既想达到自己的目的，又不想直白地说出来，因此在职场中，需要有一双睿智的眼睛和一颗有洞察力的心，了解别人的潜台词。这样既可以适当地保护自己，也能轻松地破解很多问题。

适度妥协

设计师虽然需要适度的坚持，但要注意不要过于坚持，工作中需要适当的变通。

一方面，自己认为正确的不一定真的正确，况且很多时候意见不同是因为立场不同，如果站在对方的角度考虑，可能就会有不同的认识；另一方面，如果已经陈述完所有的理由，却依然不能说服对方，那么也就没有继续坚持的必要了，再继续强硬下去只能给人留下不好的印象。倒不如好好思考一下为什么不能说服对方，是自己的理由不够充分，还是表达不够到位，总之要注意先修炼好自己的内功。

另外在评审时可以注意一些技巧，如"以小博大"，先在一些不太重要的地方表示妥协，之后再在重要的地方适度坚持。由于之前你已经表示过妥协，所以这个时候对方也不好过于强硬。

有时也会遇到负责人过于强势的情况，他们完全不给人陈述理由的机会，或对设计师的各种分析结果熟视无睹，坚持己见。如果这个产品非常重要，且对方坚持的设计方案存在较大风险，那么设计师不妨写封邮件，抄送给相关产品及设计领导，陈述利弊，表明自己不同意该设计方案但不得不妥协的态度，如果产品上线后出现任何问题，设计师不承担相应责任。

遇到其他可能产生纠纷的问题时，也可以用类似的做法，这是设计师保护自己的一种方式。

超越自我

优秀的设计师不仅能够在别人的否定中积极调整心态，改进提高；同时也应该善于自我激励，主动成长。

例如你每次做设计时，只是为了完成这个设计，还是要求一定要比上次有进步？有的设计师，每次的作品都会有细微的进步。一两年可能看不出什么差距，但是日积月累，对比就会十分明显。现在很多公司都不愿意招年纪大的设计师，理由是作品看起来有"年代感"或"性价比不高"，其实就是因为作品没有跟上流行趋势的变化，水平一直保持稳定。

要想持续进步，建议每完成一个项目都进行认真的总结，发现自己的差距与不足，争取在下一次的工作中认真改进；认真研究其他同事的优秀作品，学习别人的闪光点；学习新的理念和方法并加以尝试，不断给自己充电。

当你和别人站在同一条起跑线时，彼此心态的不同，已经决定了未来成绩的不同。设计师需要良好的思维能力，更需要健康的心态。这样，才能在逆境中立于不败之地。

第**11**章　设计师易忽略的工作意识

11.1　设计师的品牌意识

为什么要单独谈品牌呢？这是源于一件让我印象非常深刻的事情。有一个大公司的设计师，在公司官方博客上发表了一篇有关 iPhone 的文章，由于文章中把"iPhone"拼成了"iphone"，遭到了一个读者愤怒的指责。这个读者激动地斥责设计师以及他所在的公司，是多么不专业。

这件事让我很愧疚，因为如果当时让我去拼，我也一定会拼错。从这件事情里，我总结出了 3 点：（1）苹果品牌做得非常好；（2）我们作为大公司的设计师，也许并没有别人想象得那么专业；（3）只有懂得尊重品牌，别人才会尊重你的品牌。

品牌有什么作用呢？如图 11-1 所示。我认为，好的品牌可以成为一种信仰，**对内凝聚员工，对外树立形象**。

品牌怎样凝聚员工呢？好的品牌会吸引专业人士加盟，会提高员工的忠诚度。品牌怎样树立形象？好的品牌让用户更容易信任，给用户带来更大的附加价值。例如，为什么很多人喜欢买名牌包？其实他们想拥有的不

图 11-1　品牌的作用

只是一个包，更多的是想拥有这个品牌给自己带来的满足感。因此作为一名专业的设计师，一定要具备品牌意识。

品牌管理其实是个复杂的工程。logo、slogan、用户体验、名誉等，都和品牌有关。那么到底该由谁来负责品牌的维护呢？市场部？公关部？技术部？设计部？貌似推到哪个部门都有道理。或者专门成立一个部门？也不太现实。其实塑造、维护品牌靠的是所有人的努力。对于设计师来说，虽然我们不是专门做品牌的，但是可以通过做好本职工作，为品牌建设添砖加瓦，这也是设计师专业度的体现。

怎样才算是做好本职工作？很多设计师都希望自己的作品独树一帜，精美绝伦。但作为产品设计团队中的一员，有时正确的表达比美观的设计更重要。前面提到过，用户体验设计的目标其实就是要满足用户需求，减少用户理解和操作的成本，给用户留下美好而深刻的印象。满足用户需求是第一位的，也是最基本的要求，达到这个程度可以算"合格"；让产品更易用，减少理解和操作成本，这是更进一步的要求，达到这个程度算"专业"；让产品深深地吸引用户，给用户留下美好而深刻的印象，达到这个程度可谓"出色"。第5、6章已经详细阐述了具体的设计方法。做好这些，其实就已经为品牌建设贡献了一份力量。

在这一节，我还想再介绍一些实用的设计规则，它们对提升品牌形象有着更直接的作用，如图 11-2 所示。

图 11-2　提升品牌形象的一些设计规则

11.1.1 保证关联性

首先，你要保证你设计的东西是和产品相关的，做不到这点就不算一个合格的作品。这看起来很简单，但做起来并不容易。因为设计师必须真正地了解产品定位：主要功能、使用群体、产品特色等（具体请看"5.1.1 不可忽视的产品定位"）。否则就有可能设计出外表华丽，但却和产品方向相去甚远的作品。所以，要正确地理解产品。

拿 iPhone 应用的图标来举例子。图案要体现这个产品的名称、功能或者特色（使用群体间接体现了功能或特色），千万别弄个"三不沾"。

这里介绍几个小诀窍：借鉴产品在 Web 端（如Facebook）、实体店（如星巴克中国）的图标；描述产品名称（如滴滴出行）；通过图片描述产品性质（如天气预报、电池管家、计算器）；借鉴 App 界面的样式和材质（如 Cellar）……图 11-3 中所示的方法，均可提高产品的识别度及用户的忠诚度。

关注产品名称的图标

Facebook　　　　星巴克　　　　滴滴出行

关注产品功能的图标

天气预报　　　　电池管家　　　　计算器

关注产品特色的图标

图 11-3　一些优秀的手机 App 图标

11.1.2 力求一致性

接触一款产品，就好像接触一个人，他的外观、衣着、谈吐、性格都会影响别人对他的印象和判断。一个相貌堂堂、衣着得体、谈吐优雅、表里一致、温文尔雅的人一定会给别人留下深刻的印象，让人对其产生好感，愿意与他成为朋友；相反，一个外形邋遢、毫无品位、表里不一的人只会让别人敬而远之。

产品也是如此，表里一致的产品会让用户产生好感，因此设计师要力求设计、体验上的一致性，给用户带来良好的感受。

App 内一致

首先要保证网站或 App 的设计风格是统一的。如果内部风格各异且画面没有呼应，用户就很难对这样的产品产生好感，会认为产品设计得很随意、很不用心，自然品质也不会很好。

第一，在所有界面中，设计师要确保图标、启动页和首页的风格是一致的，因为这决定了用户对产品的第一印象，如图 11-4 所示。

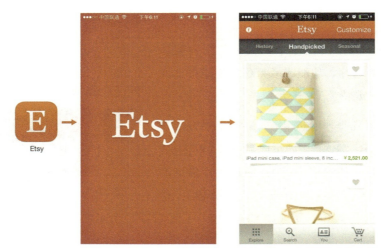

图 11-4   风格一致的图标、启动页和首页

人们常说"一而再，再而三""事不过三""一鼓作气，再而衰，三而竭"。可见"三"这个数字对于人的记忆、认知、影响起到重要的作用。初次见面，凭借这 3 轮接触，想不记住这个 App 都难。"Etsy"的一致性给我留下深刻的印象。

再来看一个反例，如图 11-5 所示。

该例中图标、启动页、首页的风格都不一致。图标中的"100"和启动页中的"100"颜色不同，背景也不同。你可能会使用这样的 App，但它未必会给你留下很深的印象。所以，设计师在设计这 3 个部分时，一定要放在一起对比一下。

第二，要注意同一界面的上下部分要呼应、搭配协调，就好像西装配皮鞋一样，如图 11-6 所示。

图 11-5　风格不一致的图标、启动页和首页

图 11-6　配色协调的界面

　　第三，配色要尽量统一。常听人说，身上服装的颜色不要超过 3 种。界面也一样，太过花哨的界面让人找不到重点，用户更难以记住你的品牌。图 11-7 中的 App

界面以黑白为主色调，所有需要吸引用户注意、需要引导用户点击操作的信息，都用红色突出显示，界面整体风格统一、引导明确。

图 11-7　配色简练、识别度高的界面

第四，同样性质的元素应该"表里如一"，不同性质的元素应该尽量避免样式相近。避免用户在理解上产生偏差。

如下面这个例子中，首页的图标（不可点击）和其他界面的"返回"按钮（可点击）做成了类似的样式，使用户极容易误操作（以为首页的图标可点击），如图11-8 所示。

图 11-8　代表不同含义的元素应避免样式接近

第五，控件样式尽量保持一致。为了保证易用性，同类型的控件，最好不要一会儿用图形，一会儿用按钮；一会儿有阴影，一会儿没阴影；一会儿有渐变，一会儿无渐变等。虽然这么多界面，这么多控件，保持一致的风格并不容易，但这样可以让产品显得更专业，更有档次。

举个例子，对于一般的 App 来说，导航左右的按钮样式、风格、尺寸要尽量保持一致，如图 11-9 所示。

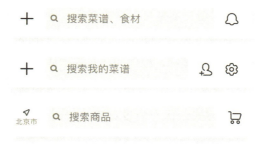

图 11-9 一致的按钮样式、风格、尺寸

为了降低风险，在不是很有把握的情况下，尽量使用标准控件，因为用户对标准控件最为习惯。另外，当 UI 设计效果图完成后，把所有控件统一集中在一个界面上，来查看风格是否统一，这样也有利于日后形成界面规范，如图 11-10 所示。

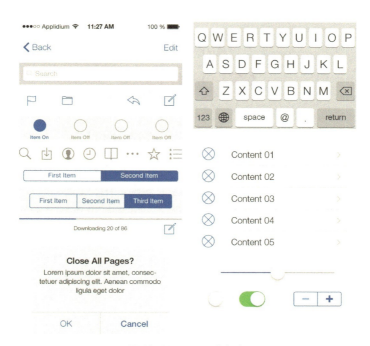

图 11-10 界面元素归纳

平台内一致

不仅 App 内部设计风格要保持一致，同时还要注意本产品和该平台上其他产品的通用规则尽量保持一致。因为用户不是只用你的产品，他会下载、使用很多其他产品。例如设计 iPhone 应用时，尽量遵循 iPhone 界面的规范，同时考虑大家的使用习惯。很多设计师鄙视使用 iPhone 自带的图标、控件和样式等，认为这样就不需要设计师了。

《触动人心——设计优秀的 iPhone 应用》中说到："创意的真谛，是在保证可用的情况下，寻求更好的表达方式。优秀的设计遵循规则，而又不会被规则束缚。"创新的设计永远受欢迎，只是不要挑战基本规则。建议每个参与 iPhone 应用设计的人，都认真阅读一下 iPhone 的人机界面指南，研究 iPhone 的原生应用，在熟悉规则的基础上创新。

例如某 iPhone 应用的弹出框，设计师为了美观和对称，把"取消"和"确定"按钮都设计成了同样的红色，如图 11-11 所示。这样会有什么问题呢？

确认取消收藏吗？

图 11-11　某 iPhone 应用弹出框的视觉设计方案

了解 iPhone 的原生应用以及相应的界面规范，就会知道红色按钮一般表示警戒或删除等含义，且多数 iPhone 应用都遵循这个规则，用户已经形成了认知习惯；并且 iPhone 应用一般会刻意区分两个按钮的样式，以避免用户做无谓的思考。如果两个按钮都设计成同样的样式，并且都是红色，用户首先可能会紧张一下，认为这是一个很严重的提醒，然后还需要仔细辨认，生怕自己点错了。但其实这是毫无必要的，设计师完全可以通过更好的方式去引导。

平台间一致

如果你的产品不仅有 iPhone 版，还有 Android 版、iPad 版、Web 版等，那么应

该保证产品在这些平台间的风格是一致的。这样更容易树立统一的品牌形象，如图
11-12 所示。

图 11-12 Web 端和客户端界面风格统一

内部产品一致

如果是同一个公司的产品，为了提升品牌性，可以考虑制定统一的标准（产品战
略级方向的设计规范），来增强该公司产品的识别性和品牌感。该工作一般由专门的
设计中心来负责。

11.1.3 追求独特性

你真的会认真地理解产品，通过设计贴切地表达你的产品吗？你真的熟悉基本的
设计方法及规则吗？你在设计方面已游刃有余吗？易用性对你来说已不在话下吗？好

吧，如果你能保证做到这些，那么恭喜你，你将有机会去追求创新，成为一名出色的设计师。

个性的图标

图标对一个产品的重要性不用多说。图标应该是美的、和谐的。如前面所说，图标需要正确地表达产品理念，或产品名称，当然也可以是产品功能和特色。然而对一个优秀的图标来说，这些还不够。图标还应该是独树一帜的，让你的产品区别于甚至高于你的竞争对手的产品，如图 11-13 所示。

图 11-13   一些识别性较强的图标

微博类的产品在这方面做得不错，即使不配文字，其图标也很容易区分。但是阅读类的产品就有些问题了。你能一眼区分图 11-14 中的图标分别代表哪些产品吗？

图 11-14   一些识别性欠佳的图标

独特的风格

有些 App 确实不按常理出牌，它们不完全遵循官方规范的交互方式，但也获得了用户的喜爱，让其他 App 争相效仿。例如早年 Path 富有创意的菜单弹出效果，如图 11-15 所示。

但并不是所有的创意都是合理的，其实绝大多数的易用性问题都是源于不专业的"创新"。如果没有认真钻研用户习惯、界面规范，完全按照自己的喜好去做设计，以为这就是所谓的"创新"和"突破"，那么结果往往会导致一系列问题。专业的创新一定是在真正领悟了用户体验、界面设计原则的基础上所做的令人眼前一亮的改变。

图 11-16 中"下拉启动语音助手"操作，虽然乍一看觉得很新颖，操作起来也很方便，但这却违背了大多数用户下拉刷新的习惯（在社交、阅读类 App 中，下拉刷新已成为惯例）。因此很多用户反馈这里非常容易误操作，不知道怎么就启动了语音助手，这种操作违背了用户的预期，在一定程度上影响了用户的体验。

图 11-15 Path 的菜单弹出效果　　图 11-16 易信（1.2.0 版本）的"下拉启动语音助手"操作

因此"创新"一定要建立在合理、超越用户预期的基础上，优秀的创意既不违背规则，也不拘泥于规则，如果没有过硬的基本功，这个"度"是很难把握的。所以新人不要一味追求创新，先做"对"，再做"好"。

亮眼的细节

去哪儿 App 中曾经有一个小细节让我印象深刻：点击首页的栏目时，上面会相应地显示一个手印,这种感觉很接近真实生活。当然,iPhone 应用中细节出众的实在是太多了,这里限于篇幅,就不一一列举了。大家有心的话会发现很多有意思的地方。在"6.3 捕获用户的芳心"中也提到了很多有趣的例子。

可以把这种把握细节的设计能力和品牌结合起来,利用一切机会好好宣传产品品牌。例如当界面加载时,不要白白浪费时间和空间,可以用趣味的形式露出品牌,这样不但不会让用户反感,还会让用户觉得加载时间变短了(现已成为一种常规的做法)。如果来不及设计动效,也可以先显示产品名称或图标,如图 11-17 所示。

图 11-17 加载时建议出现产品名称或图标

11.2 设计师的沟通意识

设计师不光要设计具体的方案,每天还要通过各种方式与人沟通,但是这些沟通是真正有效的吗?你是否总是在不知不觉中,被沟通障碍绊住了前进的脚步,继而沉浸在消极的工作状态中呢?

在这一节,主要介绍在工作中常见的沟通方式及其特点、适用场景,沟通中常见的问题及解决方式等,希望能对大家的工作有所帮助。

工作中常见的沟通方式及其特点、适用场景

通过文档沟通

优点：不受文字数量的限制，内容具体；便于查阅、存档及日后的统一管理；适合描述功能多、业务复杂的项目；适合跨部门协作的项目。

缺点：不容易建立统一标准；由于面向多种角色，因此阅读时不容易找到各自需要的重点；阅读费时；理解成本较高。

通过邮件沟通

优点：便于查阅或追踪记录；方便为多人发送附件；比较正式，适合报告工作进度或通报项目状况等。

缺点：正文不宜太长；传递信息不及时（有时容易被忽略或丢失）；不清楚语言环境有时容易误读；不利于处理争议或敏感问题。

通过即时通信软件（Instant Messaging，IM）沟通

优点：沟通方便；容易消除紧张情绪；截图、发送文件方便；可多人对话；适合相熟的同事之间沟通，畅所欲言；适合解决争议不大的问题。

缺点：容易被忽略；一些复杂的问题很难描述清楚；容易误解；不便于查询记录（里面可能夹杂不少无关内容）；不利于解决争议。

通过电话沟通

优点：及时、有效，沟通效率较高；适合解决紧急问题。

缺点：不利于传达微妙的情感；不容易说清楚特别复杂的问题，有可能引起误会；不方便查看图片等（可配合 IM 使用）；不便于查找记录。

面对面沟通

优点：真实、拉近距离（很多误会可由此解开）；便于说明复杂问题。

缺点：无记录；沟通成本略高；多人沟通时效率可能较低；一旦陷入僵局回旋余地较小（面对面沟通时心态一定要平和，以解决问题为目的）。

会议沟通

优点：集思广益、拓展思路，可以更多角度了解他人的观点；适用于跨部门协同解决问题、头脑风暴等。

缺点：若方法不得当会导致效率极低（如果需要在会上做出决定，最好先提前面对面沟通，有备而来）。

总的来说，可以用图 11-18 来表示不同沟通方式的特点。

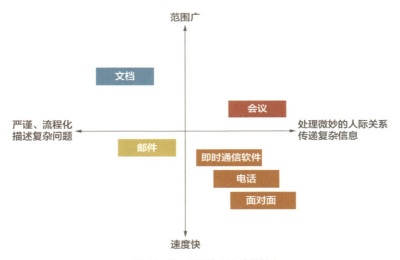

图 11-18　不同沟通方式的特点

当然，每种沟通方式都有其适用的场合，需要根据情况灵活考虑。例如，在项目开始之前，可以通过会议进行头脑风暴征求大家的意见；策划中撰写需求文档；需求文档撰写完后先面对面给其他项目组成员讲述一遍思路，之后再配合微信、电话等方式即时解决后续问题；制作设计原型的过程中可以随时请大家在微信上提意见；通过邮件定期监控项目进度和问题；发现项目组成员有负面情绪了，赶紧面对面沟通。

沟通中常见的问题

学会使用各种沟通方式并不代表具备良好的沟通能力。设计师沟通的对象是人，人既是理性的又是感性的。沟通也是一样：沟通方式虽然是理性的，但沟通的过程却充满了感性成分。

人们往往怕伤和气，怕惹麻烦，所以很多人既不善于主动提问，也不愿意表达内心想法。于是工作中常遇到以下情况。

敢怒不敢言

员工明明知道项目中存在很多致命问题，如领导不放权、工作分配不合理、流程不清晰等，却不敢提出来，只能在心里忍着，或背地里抱怨。

用批评代替赞扬和鼓励

当项目出现问题时，负责人经常批评团队成员；当项目取得成绩时，负责人却没有鼓励、赞赏大家。团队成员长期付出又得不到激励，积极性不断下降。

单向沟通缺乏互动

我曾经和一个有多年销售经验的朋友在一起聊天，他问我："什么样的销售最受欢迎？"我摇摇头表示不知道。他说："是少说多听的人。"这个回答很出乎我的意料，我以前一直以为好的销售一定是能说会道的。后来在工作中细细体会，发现会听确实比会说要难得多。

打断别人、滔滔不绝地表达自己的想法，不给别人说话的机会，这些都很容易做到，很多人也乐于去做。但能耐着性子把别人的话听完再发表自己的观点，却需要一定的耐力和修养。

单向沟通的危害极大，它容易造成误会和隔阂，导致团队成员信息不对称、员工工作消极、被动等结果。

思维方式、立场不一致导致分歧

团队中不同的角色，他们的思维方式、考虑问题的立场会有所不同。产品经理的思维方式一般比较商业化，注重业务指标；设计师比较偏重于界面体验、色彩美感等；开发工程师偏重于逻辑性、实现难度等。因此在沟通时，几者之间很容易产生争论和分歧。

即使是同样的角色，也可能因为性格问题导致想法不同。我曾经参加过一个很棒的沟通方面的培训，在培训课上老师会把大家按照性格类型划分为若干组，然后让类型相反的人合作去做一些小游戏。有一个游戏是这样的：两个人面对面坐着，中间有一块隔板，双方看不到彼此。两个人手中都有一些积木，现在让一方把积木摆成一个略复杂的图形，然后通过口述，让另一方照着摆成一样的。这个游戏看起来很简单，但结果却让人哭笑不得。由于两人性格完全不同，在沟通中出现了无数的挫折和笑话，经过一番波折才顺利完成了任务。

在工作中也是一样，人们往往以为已经和对方沟通清楚了，但对方却未必真正领会你的意思。性格及思维方面的差异很容易导致失败的结果，所以重要的事情一定要反复沟通、确认清楚。

沟通积极性差

要想设计出一个完善的设计方案，设计师需要与相关角色进行密切的配合。但实际情况却可能是：产品经理埋头写需求文档，开发工程师埋头写代码，用户研究员埋头写报告，大家并没有什么沟通和交流，却都认为自己完成了任务。

类似的情况还有很多。

如何更好地沟通

从上面这些问题中可以看出：感性的沟通能力很大程度上取决于一个人的情商和修养，因此提高沟通能力，没有什么捷径，需要不断强化自己的个人修为，努力提升情商。情商不像智商，它可以通过后天的努力不断提升，并且它比智商更加重要。

放平心态

不太计较得失，客观地看待问题，保持心情愉快……这些看起来谁都懂，做起来却很困难，需要不停地在工作中磨炼自己的心性。

换位思考

当你厌恶某个人时，这个人十有八九对你也是同样的想法。对待同一件事情，每个人的立场不同，太过坚持自己的想法，就容易造成误解和矛盾。很难说谁对谁错，重要的是客观认识不同的立场，最后寻求一个好的解决方法。意气用事不会带来任何益处。

当你埋怨其他人做得不好，沟通不到位时，有没有想想自己是否也在犯同样的错误？自己有没有认真地把设计意图传达给其他角色？每个人都有自己的难处，宽容、谅解，做好自己的事，也帮助别人做好他的事情，才能促成更好的结果。

如果你和有些人沟通时总觉得有障碍，那可能是你们的思维方式、性格不同导致的，多站在他人的角度考虑，想想别人这么说、这么做的原因，心里也会释然很多。

积极主动

多思考、多提问、多表达自己的意见。遇到不愉快的事情不要急着下结论，而要探清事情因果。其实，真相往往不是我们一开始想的那样。

另外，团队中要尽量营造积极、舒适的氛围，多制造让大家"说"的机会。例如组织头脑风暴、评审会、聚餐等活动，平时多鼓励和肯定他人。

更多肯定、更少批评

当觉得和某人合作得不错时，不妨给对方多一些赞美，让对方认识到自己的价值，这样会增加对方工作的积极性；当对某人心怀不满时，主动跟对方沟通，尽快消除误会，解决问题，而不是在背后抱怨或批评。

真正认识沟通的意义

沟通是平等的，并不是一方强势地压过另一方。这是一个协作的时代，不是个人英雄主义的时代。我以前总觉得设计师如果想有出头之日，想拥有更大的话语权和主动权，就要学会强势，学会说服别人。但现在渐渐觉得，沟通的本质不是为了说服，而是为了让彼此心悦诚服，并解决问题。真正优秀的设计师，不是咄咄逼人的，而是言之有理的，说话掷地有声，让人心服口服。

11.3　设计师的流程意识

流程可分为两类：设计流程和项目流程。如果设计流程有问题，那么最后的设计方案质量很难得到保证；如果项目流程有问题，那么再好的设计方案也无法执行下去。

设计流程

设计师最后的产出物是高保真设计原型，但设计师的工作重心并不是制作设计原型，前面需要经过很多的步骤，这点在前面的第5、6、7章已经有过清晰的描述。

当然，如果只是设计一个很小的功能点，则可以根据情况灵活处理。但依然需要先透彻地了解需求，再考虑用户的任务流程，然后绘制草图和设计原型，如图11-19所示。

在实际工作中，很多产品经理和设计师并不习惯这种流程，他们很难沉下心去经历前面的重要步骤，而是迫不及待地思考界面细节，并很容易深陷其中。最后花费了过多的时间却得不到什么有效的结果，在评审时也很难说服别人，得不偿失。这就好像画素描，一定要先打底稿，把握住整体感觉，再不断细化，如图11-20所示。

图 11-19　设计流程

图 11-20　像画素描一样做设计

如果一上来就先画眼睛，再画鼻子、嘴和脸，那么即使局部再细腻、再传神，整体也很容易走样，最后得出来的可能是一张脸部扭曲、比例极不协调的作品。

还有一些设计师，他们心中虽然认同正确的设计流程，也愿意去尝试，但是当面对巨大的项目压力、紧迫的排期时，往往会忘记这一点，最终还是直接绘制线框图，匆匆交差了事。

所以了解一件事情容易，但真正做起来很难。设计师需要时时刻刻提醒自己正确的设计流程，在工作中反复实践，直到将其内化为一种习惯，这样才能逐渐成长为一名专业的设计师。

项目流程

在项目中，设计只是其中的一部分工作，一个完整的项目流程应该是什么样的呢？如图 11-21 所示。

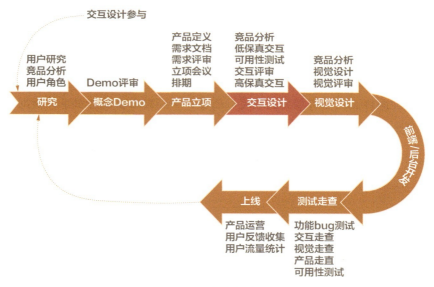

图 11-21　完整的项目流程

在实际工作中，可根据情况灵活调整，如针对小功能项目，可采取如图 11-22 所示的项目流程。

在实际的项目中，遵循流程并不是一件很容易的事情。产品经理或项目负责人必须首先有这个意识，并组织执行。项目组成员也必须有良好的流程意识，才能够很好地配合。

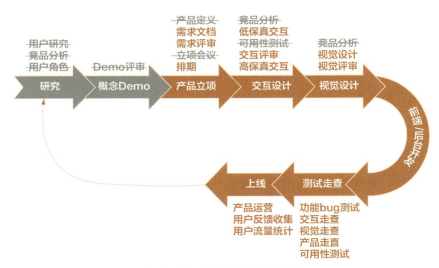

图 11-22　小功能项目的项目流程

　　没有规划的项目，就像一个新手司机，时而慢得让人焦急，时而一路狂奔，最后万分狼狈地冲向终点；而有规划的项目，就像一个经验丰富的赛车手，根据制定好的战术游刃有余地驾驶，一切尽在掌握中。

一些需要注意的问题

关于需求变动

　　需求评审后，需求如有变动，需要评估工作量。大的变动放到下一期；小的变动征得大家同意后可以本期修改，但要重新修改排期。

关于排期

　　排期应该在需求评审之后，根据需求内容来确定具体的时间安排，而不是根据理想的上线时间倒推。在给各环节排期时应该遵循自下而上的原则，即亲自询问每个环节负责人大概需要多长时间完成，再根据项目要求商量决定。

　　项目排期需要算上迭代、走查的时间。

关于设计

　　如果时间非常紧张，设计师可以在需求阶段就开始同步参与了解情况并探索设计风格，而不是一定要等产品经理明确所有功能细节后再开始进行设计。

设计评审后设计师根据评审意见修改，尽量不再反复，如后期还有修改需要通知大家评估；大的修改则放到下期。

上线前后

临上线前，产品经理需要通知项目成员，进行最后的检查；上线后收集的用户反馈及产品数据情况，产品经理应同步传达给项目成员；最后，产品经理和设计师应该及时总结项目问题。

流程表面上看来和产品经理、项目负责人关系比较大，设计师只是一个辅助的角色。然而一名优秀的设计师，绝不会把自己定位为一个辅助者，而是积极主动地参与其中，当发现流程出现问题从而影响到了设计实施时，会不厌其烦地与负责人沟通，力求改进流程中的问题。

合作流程中的注意点

总的来说，设计师在项目中需要具备灵活性、主动性和专业性。

灵活性是指能够根据项目情况采取最合适的方法和流程，懂得灵活变通，而不是让人觉得刻板；主动性是指设计师能够把自己定位为团队的重要人物，主动发现流程问题，积极地协助产品经理或项目负责人组织、协调、沟通，保证流程的合理运行，保证设计方案可以顺利、高效地执行下去；专业性是指设计师要充分做好自己的本职工作，如设计可靠的设计方案、产出标准的设计原型、主动跟进、检验设计方案等。

第**12**章 设计师为了什么而设计

12.1 为老板、为用户，还是为自己设计

相信大家都听说过"以用户为中心的设计"，现在也都在鼓励和推崇这种做法。我也曾经认为，自己的工作就是通过设计改善大多数人的生活，并为此庆幸不已。

但在实际工作中，设计师可能会遇到各种各样的情况。

场景一：为领导设计

设计师："这个地方不能这么做啊，这很影响用户的体验。"

产品经理："我理解你的想法，但领导说了，就要这么做，我也没办法啊，要不你去跟他说？"

设计师："既然这样，我也没什么可说的了，就这么做吧。"

场景二：为赚钱设计

设计师："这个地方这样设计，体验真是太棒了。"

产品经理："是不错，但我们想在这里加个广告。"

设计师："加广告太影响用户体验了。"

产品经理："我明白，但是我们就是靠这个赚钱啊，没广告就没收入，我们都得

喝西北风。"

设计师："好吧，为了赚钱。"

场景三：为用户设计

用户 A："这个界面看起来很沉闷，还是浅色的好看。"

用户 B："我希望这里能加个收藏功能。"

设计师："用户是上帝，就照用户说的去做吧。"

场景四：为妥协项目进度设计

开发工程师："这个设计方案实现起来有难度，差不多要两周吧。"

产品经理："那设计师看看能否修改一下呢？"

设计师："我在这个地方可是花了很多功夫的，采用这个设计方案，用户体验会好很多。"

产品经理："我明白，可是这个项目必须按期上线，不然大家的工作都没有意义了，你还是稍微改一下吧。"

场景五：为自己设计

设计师："这个界面完成了，你看看。"

产品经理："好看倒是挺好看的，但是不符合用户的使用习惯。这个按钮不能用红色，因为红色在我们这个软件的其他地方都是警示的意思。"

设计师："可是其他颜色很丑。而且我觉得这个红色非常上档次。"

产品经理："但是用户使用时会有疑惑。"

设计师："你要非让我改，我只能改个颜色浅点儿的红色，不然太难看了，可别说是我做的。"

产品经理："……"

到底为谁设计

在明确这个问题前，先要明确设计师的价值到底是什么。

前面提到过，设计师的价值包含用户价值、商业价值、项目价值、品牌价值等。在实际工作中，设计师要尽力权衡利弊，最大化地发挥价值。**首先，要排除不正确的价值观；其次，要避免过于偏激和绝对，要懂得适当变通；最后，要注意平衡不同的价值倾向，使整体价值最大化。**

再来分析前面几个场景。

先说领导的问题。首先要考虑领导的立场，想想他这么做的原因是什么。明智的领导，做决定时必然有合理的原因。但如果领导没有什么原因，只是因为个人喜好，又强制命令别人，并且你一时也无法说服，那么也不要气馁和失望。不管最后怎么执行，在心中都要坚持正确的设计标准和方法，不断提升自己的水平，让自己变得越来越强大，这样未来你才有更多的选择机会。如果只是一味地认命或埋怨，失去斗志，失去理想，那么最终你也会失去成长和未来选择更好环境的机会。

再说利益的问题。在这种情况下，完全把用户体验放在第一位确实是行不通的，必要时确实需要牺牲部分用户体验，但设计师所做的是平衡，而不是在两者中做取舍。如果为了最大化经济利益而严重损害了用户体验，那是得不偿失的。

例如多年前的门户网站或下载地址链接，充斥着各类广告，严重影响用户查看正常的内容。这些年随着行业的不断发展，这种现象已经明显好转。因为大家越来越能够意识到体验不好会导致用户不愿意再来；用户不来，广告效果就会越来越差；长此以往，广告商也不愿意再继续在这里投放广告了，那么网站就赚不到钱。

所以设计师要**注意平衡商业价值与用户需求之间的关系，既要让网站有利可图，又要最大限度地保证用户体验。**

再说说用户的问题。设计师都知道"以用户为中心"，但这并不意味着什么都要听用户的，而是要通过自己的专业水平去判断。如果设计师只知道一味地迎合用户，没有超前的意识，那么永远做不出让用户喜爱的产品。很多设计师可能会有这样的遭遇：客户不断提出各种奇怪的要求，设计师一一满足，但是客户还是各种不满意，最后还会怪设计师没想法。但如果是一个有经验的设计师，他可能会抛开客户的这些想法，最后做出的东西反而让客户很满意。因为他明白客户的潜在诉求是什么，明白如何让产品品质超出客户的预期。普通用户其实也一样，他们毕竟不是专业的设计师，难以通过"指挥"设计师得到满意的结果，设计师也会在这个过程中充满挫败感。

因此设计师不应被用户牵着鼻子走，而是要学会引导用户，创造超出用户期望的产品来。

至于项目进度，有时候设计师不得不为此做出必要的让步。改设计方案可以有很多的理由，如产品着急上线、开发工程师抱怨说太难实现……有经验的设计师可以大致预估出设计方案的实现难度，或提前跟开发工程师沟通，尽量避免这种情况发生。保险起见，也可以根据开发难度提前设计 2 ～ 3 套备选方案。

最后，作为设计师，一定不要"为自己设计"。设计是为了解决用户的问题，而不是为了自己。我在工作中确实遇到过一些固执的设计师，把美观程度放到第一位，而忽视了用户的实际使用习惯。

综上，设计师不是为自己设计，也不是为某些人设计，更不应该只看重眼前的利益。设计师要做的是平衡商业价值与用户需求，通过自己的专业水平为公司、用户创造最大的价值。

12.2　实现商业价值与用户需求的平衡

其实前面已经提到过不少相关的话题，这里我再集中整理一下，来说明设计师应该如何做，才能实现商业价值与用户需求的平衡，也在这个过程中最大限度地实现自己的价值。

构建强大的自我

因为要保证商业价值与用户需求的平衡，所以在实际的设计工作中，产品经理这个角色是不可缺少的。一般来说，产品经理在项目中占据了一定的主导地位，需要考虑产品的定位及方向，并提供细致的需求文档以供设计师和团队成员参考。此外，产品经理可能还要负责项目推进、争取资源、协调沟通等，他要对整个项目的结果负责，是团队的精神领袖。这也在一定程度上反映了公司中商业价值占主导地位的现实。

因此设计师如果过于理想，过于坚持在学校里、在书里、在各种用户体验分享会上学习到的理想方法，如头脑风暴、收集用户需求、建立任务列表、创建人物角色、绘制故事版、情景分析等，那么在现实的日常工作中可能就要失望了。真实的情况可能是你接到一个含糊不清的需求文档或简陋的设计原型，然后让你 2 天内把设计方案交出来。在这种压力下，很多设计师沦为画图工具，苦不堪言；也有的设计师逐渐习惯这种方式，在工作中淡忘了设计的本质。

当然，理想的情况并不是绝对不存在的，在时间宽裕、重视用户体验且不是特别注重短期商业价值的项目上，设计师依然有很大的发挥空间。

与产品经理的制衡

多年前我去一家公司面试时，问面试官怎么看待团队的价值？面试官的回答让我印象非常深刻。他说产品经理在公司业务方面有沉重的 KPI 压力，而设计师不需要背负 KPI 的压力，所以自然会站在用户体验的角度考虑问题。二者互相平衡、制约，否则很容易失控。试想：如果没有用户体验人员或相应的团队，产品经理为了 KPI，很可能会拼命地增加功能、内容、营销入口；反之，如果产品经理不顾 KPI，一味地关注极致的体验，则可能导致成本上升、盈利受损。

可能有人会说，不是所有产品经理都背负 KPI 的压力，也不是所有的产品经理都不重视用户体验。确实是这样，很多产品经理具备专业的原型设计能力，还有很多设计师具备良好的商业思维。这里的意思是不管你作为什么角色，都需要做好平衡，并且和对方配合好。

与产品经理的合作

关于设计师和产品经理的配合，在第 5 章已经讲过很多了，由于这部分内容非常重要，因此这里再带着大家回忆一下。

很多时候，设计师并没有太多机会和产品经理一起做前期的需求分析，而是直接拿到需求文档或设计原型。这时，不要马上开始做设计，而是要跳出惯有的思维框架，先解读需求，考虑需求是否合理，如果需求不合理，要重塑需求，然后再开始正常的设计流程，如图 12-1 所示。

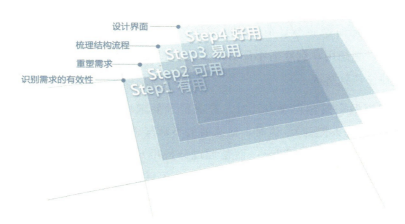

图 12-1　设计师拿到需求文档后的 4 个步骤

　　为什么要这么做呢？可以把产品的用户体验分为 4 个层级：第 1 个层级是有用，第 2 个层级是可用，第 3 个层级是易用，第 4 个层级是好用。现在市场中，大部分的产品是有用的，因为没用的产品很快会被淘汰，但真正好用的产品少之又少。它就像一个金字塔一样，越是上面的层级，数量越少。

　　很多设计师水平不差，却设计不出好用的产品，原因就是过于考虑设计层面的东西，如结构、流程、界面等，忽略了最底层，也是最重要的东西，即需求是否合理、是否需要优化、完善。如果需求的方向不对，那么设计再好的产品或功能也是没有用的，更别说可用、易用和好用了。

设计师具体应该如何做

识别需求的有效性

　　每当产品经理抛过来一个需求时，平庸的设计师想的是完成它，普通的设计师想的是把它做好，优秀的设计师想的是尽自己所能把它做到最好，而卓越的设计师则优先考虑这个需求到底合不合理、值不值得去做、对产品有什么帮助、用户是否需要它，等等。如果最后的结果是它不值得去做，那么应该拒绝，或提出更好的解决方法。如果很难判断某个特定的需求是否合理，在这种情况下可以做用户调研，可以分析使用场景，可以去问问身边的朋友，可以和产品经理讨论等，但不能因此放弃思考。

很多时候，设计师纠结一个复杂的功能该如何在界面上展现，并百思不得其解时，不妨后退一步，想想用户到底需不需要这么复杂的功能，它的存在合不合理。在这个过程中，难题往往就解决了。

例如，之前同事做彩票客户端设计时，产品经理要求增加复杂的分析图表功能（因为用户反馈中经常有人提到）。这时，他需要的不是冥思苦想，寻找各种解决方案以更好地在小屏幕上呈现复杂的图表；而是通过分析用户的使用场景，最后得出此功能不适用在手机客户端上的结论（手机屏幕太小，不适于放大面积的、功能复杂的图表）。

但用户对此功能的需求一直很强烈，说明用户需要这个功能，这个需求对用户是有用的。那么怎么对待这个需求呢？设计师可以重塑需求，让这个需求变得可用。最后经过大家的讨论，产品经理修改了需求，于是后来就有了"迷你分析图表"的功能，它只保留了原图表中最基础的功能，既满足了大部分用户的需求，又能在手机客户端上使用，上线后效果非常好。

重塑需求

对于完全不合理的需求，应该直截了当地提出来，否则设计完了也是白费力气，不会起到任何效果。对于不完善或方向有些偏差的需求，可以通过重塑需求让需求变得合理。例如刚才提到的"迷你分析图表"功能，就属于这种情况。

下面这个图，我在第 7 章里也提过。它形象地反映了设计师处理需求、完成设计的过程。大家其实更需要的是把苹果变成橙子的能力，也就是重塑需求的能力；而不是人家给你一个苹果，你把它榨成苹果汁。那样，你被人替代的日子就不远了。

假如用户跟你说：我需要更快、能容纳更多人的马车。产品经理会如何写需求文档？不排除有一些产品经理是这样写的：我要造一个拥有 100 个轮子的超级豪华马车，要有 25 匹马，马要够高够大……而这时，不排除很多设计师就真的照着这个要求去做了，结果可想而知。

而优秀的设计师，会重新审视这个需求，归纳出真正的设计目标：更快、更便利的交通工具，进而根据目标设计出汽车，如图 12-2 所示。

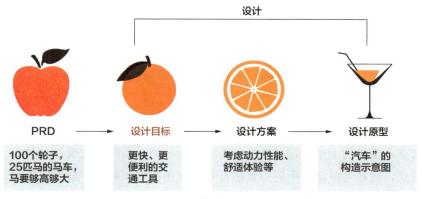

设计

| PRD | 设计目标 | 设计方案 | 设计原型 |

100个轮子，25匹马的马车，马要够高够大 → 更快、更便利的交通工具 → 考虑动力性能、舒适体验等 → "汽车"的构造示意图

图 12-2　重新审视需求，再进行设计

再举个例子。需求文档上写明"二级导航持续可见，方便用户切换"。但你通过经验或调研结果发现，只有极少的用户会去切换功能，那么就可以把它适当隐藏起来。其实你并没有完全按照需求文档说的去做，但相信这样的结果，大家都会满意。

其实设计师在工作中，只要稍微多想一点，就会离被动的局面远一点，提升自己价值的机会就多一点。

梳理结构流程和界面设计

这一点就不用多说了，它是设计师工作的基本内容。在这个过程中，设计师很容易体现自己的价值。

结构流程清晰，用户使用产品时才不容易产生疑惑，可以更顺利地完成任务，产品自然也更易用（具体请看 6.1 中的内容）。而友好、情感化的界面，使用户对产品充满好感，并留下深刻的印象，用户自然会觉得产品好用（具体请看 6.2、6.3 中的内容）。

12.3   实现用户体验设计师的价值

我很自豪能成为一名用户体验设计师。用户体验设计师对用户体验设计充满了兴趣；用户体验设计师有良好的素养、善于沟通、善于换位思考、积极主动；用户体验设计师具有良好的思维能力，并在工作中不懈地思考、不断强化这种能力；经过多年的学习、工作积累，用户体验设计师掌握了各种专业的设计方法、原则、流程，能够在项目中灵活运用和执行。

用户体验设计师充满了激情与梦想，誓要为提升产品的用户体验而努力奋斗，同时也注重平衡商业价值与用户需求，通过自己的专业积累为公司、用户创造最大的价值，也在这个过程中逐渐提升自我的价值。

这时，我突然想起了周星驰等主演的那部电影《武状元苏乞儿》。苏乞儿已经学到了降龙十八掌中的十七招，却始终参不透最后一招，最终他发现原来最后一招不是什么新招式，而是对前面的所有招式融合后而发出的终极招式。最后他凭借这招打败了赵无极，成为一个大英雄。

其实本书也是如此，如果你已经完全掌握了前面的内容，并在工作中不断加以应用，不断总结积累，那么终有一天，你会在不知不觉中破茧成蝶，实现用户体验设计师的价值。

如果在这之后，你又遇到了新的问题，那么来看看《破茧成蝶2——以产品为中心的设计革命》吧！相信会带给你更宽广的视角与新的启发，解决你遇到的新问题。我永远在成长的路上等你！